艾景奖·园林景观大会

引领景观潮流

荟萃园林精品

宋春华题

奖景文

陈佳洵書時年九十有五

風景時力獎賞
范園代作精艾
林風見 名景

孟兆楨

主辰
深秋

第八届艾景奖
国际景观设计大奖获奖作品

THE 8TH IDEA-KING COLLECTION BOOK OF AWARDED WORKS

艾景奖组委会　编

中国建筑工业出版社

图书在版编目（CIP）数据

第八届艾景奖国际景观设计大奖获奖作品／艾景奖组委会编. —北京：
中国建筑工业出版社，2019.11
　　ISBN 978-7-112-24265-8

　Ⅰ. ①第… Ⅱ. ①艾… Ⅲ. ①景观设计－作品集－世界－现代 Ⅳ. ①TU983

　　中国版本图书馆CIP数据核字（2019）第217077号

　　　艾景奖至今已经成功举办了7届，每年一度的艾景奖国际竞赛已经成为园林景观行业品牌活动，每年竞赛都可以收到从世界各地设计机构、开发商及高校师生提交的5000件作品左右，从中挑选符合当代主旋律的100件左右的作品出版，旨在发掘优秀案例，向全行业推广，引领行业有序发展，为美丽中国、可持续人居环境建设助力。

责任编辑：毕凤鸣
责任校对：王　瑞

第八届艾景奖国际景观设计大奖获奖作品
艾景奖组委会　编
　　　　　　　　＊
中国建筑工业出版社出版、发行（北京海淀三里河路9号）
各地新华书店、建筑书店经销
北京锋尚制版有限公司制版
北京富诚彩色印刷有限公司印刷
　　　　　　　　＊
开本：965×1270毫米　1/16　印张：24　字数：720千字
2019年11月第一版　2019年11月第一次印刷
定价：326.00元
ISBN 978 – 7 – 112 – 24265 – 8
　　　　（34789）

编 委 会

总主编

唐学山　北京林业大学园林学院教授、博士生导师

主编

龚兵华　艾景奖发起人
　　　　中国建筑文化研究会风景园林委员会常务副会长兼秘书长

副主编

成玉宁　东南大学建筑学院景观学系主任、教授、博士生导师
李建伟　北京东方易地景观设计有限公司总裁兼首席设计师
陆伟宏　同济大学设计集团景观工程设计院院长

编委会成员（按拼音升序排列）

车生泉　上海交通大学设计学院副院长、教授
董建文　福建农林大学园林学院教授
冯鲁红　世界人居环境科学研究院研究员
傅　凡　北京建筑大学建筑与城市规划学院教授
管少平　华南理工大学设计学院副院长、教授
刘　晖　西安建筑科技大学建筑学院教授
刘滨谊　同济大学建筑与城市规划学院教授、博士生导师
田　勇　四川音乐学院成都美术学院副院长、教授
万　敏　华中科技大学建筑与城市规划学院教授
王润强　广州美术学院教授
奚雪松　中国农业大学水利与土木工程学院副教授、研究生导师
赵晓龙　哈尔滨工业大学建筑学院景观学系主任、教授、博士生导师

艾景八年心路历程

艾景奖，始于 2011。

这次序言我想亲自来写，我觉得有必要梳理一下艾景奖的发展历程，八年，时间不长，但是其间经历多少坎坷只有我知道，在这里就不倒苦水了。如今，看见艾景奖的竞赛作品数量明显增多，今年又创历史新高，征集的作品质量也得到稳步提升，评审也越来越公开透明，可以说是引领了风景园林赛事的潮流。

说到这里，我要讲一个艾景故事给大家听，我清楚地记得 2015 年有一位外国设计师路彬（Alex Camprubi）跟我说，"艾景奖在行业里边有一些不和谐的声音，您能不能将评审直接搬到大会现场，让大家知道这个奖项是怎么评出来的，并且当场宣布评选结果"。简短的几句话深深地触动了我的心灵，我当时就在想，这正是我希望做的事情，但是一直不敢迈出这一步。因为之前没有这方面的经验，万一没搞好品牌会受到更大的负面影响，思想斗争了大概一个月，我们决定从学生组评审开始尝试采用这个评审模式，即专家现场评审 + 现场打分，评审现场对社会公开发出观众邀请，接受社会监督。记得那年评审是在苏州大学，孟兆祯院士担任评委会主席，来自全国各地的 300 余名观众见证了精彩的评审答辩会，活动取得了良好的效果，有了这次评审的经验，经过 2016 年第六届艾景奖在学生组评审的再次验证，我们觉得这个评审模式很容易得到大家认可，于是从第七届重庆国际大会开始，我们将这个评审模式首次应用到专业组评审，当时评审现场设在重庆大学建筑学院，学生组由重庆大学建筑学院杜春兰院长担任评委会主席，专业组由原建设部宋春华副部长担任评委会主席，参赛的公司有国际国内的知名设计公司，包括奥雅设计、泛亚国际、同济景观等 10 家公司参加项目答辩会，活动取得了良好的效果。

为了将艾景奖公正平台、公开竞赛原则贯彻到底，第八届艾景奖评审更加公正透明，除了现场吸引了 1500 余名观众外，联合主办单位网易设计还对评审现场进行网络直播，即享影像还进行了照片直播，创造了同时在线 6 万人的观看记录。本次参赛单位包括 AECOM、贝尔高林、北京大学深圳研究院等 10 家一流的设计机构参赛。至此，艾景奖走出了一条自己的发展之路。

最后我想说，艾景奖平台就是咱们设计师自己的舞台，我们将一如既往地为大家提供优质的服务。

龚兵华

艾景奖发起人

中国建筑文化研究会风景园林委员会常务副会长兼秘书长

第八届艾景奖现场回顾

宋春华
原建设部副部长

张毅恭
厦门市副市长

刘凌宏
中国建筑文化研究会常务副会长兼秘书长

唐学山
北京林业大学园林学院教授、博士生导师

杨保军
中国城市规划设计研究院院长

尹 稚
清华大学建筑学院教授

成玉宁
东南大学建筑学院景观学系主任、江苏省设计大师

唐进群
中国城市规划设计研究院风景园林院总规划师

李建伟
北京东方易地景观设计有限公司总裁兼首席设计师、中国建筑文化研究会风景园林委员会主席

董建文
福建农林大学园林学院教授、风景园林学科带
头人

管少平
华南理工大学设计学院副院长、教授

金云峰
同济大学建筑与城市规划学院教授、景观学系副
主任

刘 晖
西安建筑科技大学建筑学院教授、风景园林学科
带头人

林开泰
福建农林大学景观水文研究中心主任

田 勇
四川音乐学院成都美术学院副院长、教授

万敏
华中科技大学建筑与城市规划学院教授、风景园
林学科带头人

车生泉
上海交通大学设计学院副院长、教授

陆伟宏
同济大学设计集团景观工程设计研究院院长、
中国建筑文化研究会风景园林委员会副会长

房木生
房木生景观设计（北京）有限公司总经理

孔祥伟
北京观筑景观规划设计院首席设计师

詹姆斯·希契莫夫
谢菲尔德大学景观学院教授

Annacaterina PIRAS
（安娜·卡特蕾娜）
Founder of LWCircus-Onlus organization

路易斯
里斯本大学景观学院院长

梁达民
新加坡 Tierra 景观事务所设计总监

马库斯·阿彭泽勒
（ Markus Appenzeller ）
荷兰 MLA+ 建筑规划事务所设计总监

钟德颂
台湾人境工程技术顾问有限公司总经理、哈佛大学硕士

赵晓龙
哈尔滨工业大学建筑学院教授，景观学系主任

李荣启
中国艺术研究院研究员

李国学
中国农业大学资源与环境学院环境科学与工程系主任、教授

唐孝祥
华南理工大学建筑学院教授

谢红生
北京市法律援助基金会秘书长

张建林
西南大学园林景观规划设计研究院副院长

张 华
北京纳墨园林景观规划设计有限公司联合创始人、首席设计师

张玉强
北京绿废科技有限公司创始人

叶 昊
亿利生态规划研究总院院长

奚雪松
中国农业大学副教授、华诚博远工程技术集团有
限公司生态规划院院长

杭 烨
谢菲尔德大学景观学院教师

龚兵华
中国建筑文化研究会风景园林委员会常务副会长
兼秘书长

高 鲲
万华麓湖景观总监

李芳富
厦门龙湖景观中心负责人

潘越丰
安博戴水道（新加坡）高级项目总监

遇见厦门——地产景观管控论坛

翁苑军
华发地产广州公司总设计师

尹礼仁
合景泰富集团园林副总经理

宋亚萍
新城控股（商开）助理总经理

颁奖盛典

LA+辩论会

第八届艾景奖卓越设计奖颁给北京一方国际

巅峰对话

学生组金奖

第八届国际园林

The 8th International Conferen

第八届艾景大会合影

目　录

获奖作品

AWARD WINNING WORKS

城市公共空间

旅游区规划

公园与花园设计

居住区环境设计

园区景观设计

风景区规划

绿地系统规划

2011艾景奖®

第八届艾景奖国际景观设计大奖获奖作品

THE 8TH IDEA-KING COLLECTION BOOK OF AWARDED WORKS

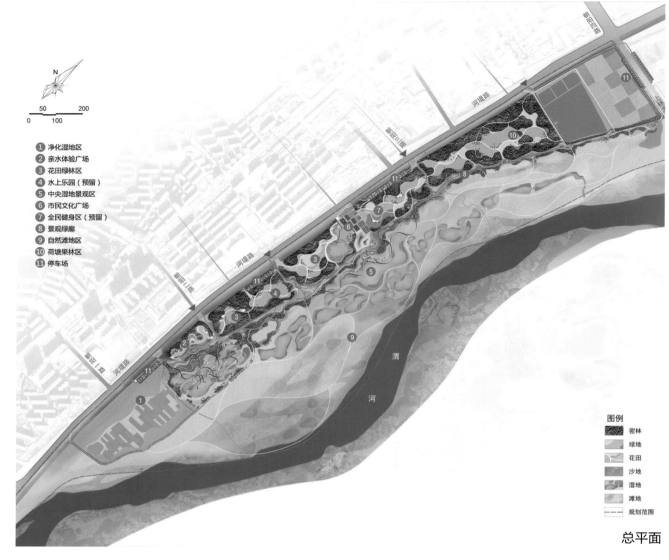

① 净化湿地区
② 亲水体验广场
③ 花田绿林区
④ 水上乐园（预留）
⑤ 中央湿地景观区
⑥ 市民文化广场
⑦ 全民健身区（预留）
⑧ 景观绿廊
⑨ 自然滩地区
⑩ 荷塘果林区
⑪ 停车场

图例
▨ 密林
▧ 绿地
▨ 花田
▨ 沙地
▨ 湿地
▨ 滩地
--- 规划范围

总平面

渭柳湿地 乡野河滩的水环境修复与再生

ADAPTIVE DESIGN FOR WEIHE RIVER FLOODPLAIN WETLAND PARK

设计单位：北京一方天地环境景观规划设计咨询有限公司 北京大学深圳研究院绿色基础设施研究所
主创姓名：栾博、王鑫 成员姓名：金越延、夏国艳、白小斌、凡新
竣工时间：2017年5月 项目地点：陕西省咸阳市西咸新区 项目规模：125亩 项目类别：绿色基础设施、公共景观设计
委托单位：陕西省咸阳市渭城区政府

修复后的渭柳河滩

亲水湿地区每天吸引着众多市民前往休闲体验

通过微地形调整重塑河滩生态湿地

设计说明

渭河是咸阳、西安的母亲河，自古以来，她是关中大地至关重要的生态基础。快速城镇化使渭河在城市段面貌大变，失去了原有的生态服务功能。我们在咸阳境内的渭河缓冲带上将洪水适应、雨水调蓄、废水资源化三者统筹，拓展了城市海绵的内涵与价值，并把水净化过程与市民科普体验结合，再生水用于绿地植物、市民菜园的灌溉水源。形成了以水为核心，集洪泛河滩、湿地海绵、城市公园三位一体，具有洪水适应、雨洪调蓄、废水净化、休闲健身、自然体验、文化生活等复合功能的绿色基础设施。在工作过程中，我们将环境工程、生态技术、水利工程、景观设计多专业紧密合作，现场监测、分析研究、设计实施的过程联动，保证绿色基础设施的综合价值与多元目标得以实现。

公园建成一年后，园内各监测断面水质均达到国家III-IV类水标准，同时废水资源化的年回用量达到2.4×106立方米。公园平均建设成本为80元每平方米，仅为咸阳同类公园的三分之一；公园内不同地区草本群落生物多样性Shannon-Wiener指数提升至1.57~1.91，乔木群落提升至2.11~2.33；在现场收到的462份有效市民问卷中，公园总体满意度为94%。

本案将生态防洪技术、人工湿地技术、栖息地修复技术统筹于河滩空间中，同时充分考虑除环境外的社会和经济效益问题，通过景观设计途径实现集洪泛漫滩、海绵湿地、城市公园于一体的渭柳长滩湿地，成为生态文明建设在城乡绿色发展中的示范案例。

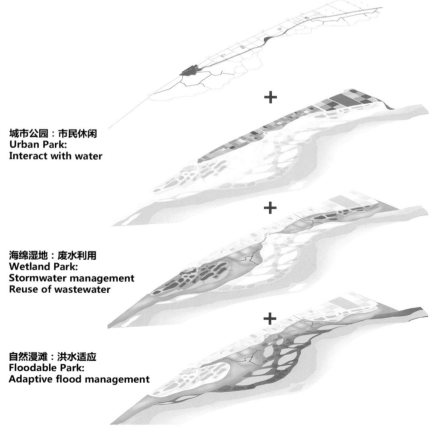

城市公园：市民休闲
Urban Park:
Interact with water

＋

海绵湿地：废水利用
Wetland Park:
Stormwater management
Reuse of wastewater

＋

自然漫滩：洪水适应
Floodable Park:
Adaptive flood management

S4 水休闲策略
回归乡野河滩，重塑田园生活

在水生态、水环境建设的基础上，通过挖掘渭河水文化，以水为主线打造自然田园体验区。建设水文化广场、亲水体验园、市民农园、田园健身园等功能区，成为市民回归土地，体验乡野水滩，追寻田园生活的宜人之所。

S3 水生态策略
协助自然恢复力量

通过地形改造来营造多样化的栖息地类型。在保留地原有树木及野生芦苇的基础上，种植乡乔、灌木以及土水生植物，修复和营造水生动物、两栖动物和水禽的繁衍、觅食和庇护场所。

S2 水环境策略
污水净化，废水再生

在城市与渭河间构建起一道湿地净化缓冲带，利用生态湿地处理污水厂尾水。不仅大大减轻了城市雨污水对渭河的污染，还可为灌溉绿化植物、补充工业用水、城市杂用水的提供再生水源，并可成为市民亲水体验与环境科普场所。

S1 水安全策略
与洪为友的适应性景观

利用原始地势条件，构建适应不同洪水位的适应性景观。将最易受洪水淹没（5年一遇水位以下）的浅滩作为洪水公园，将相对淹没风险较小的区域（10年一遇水位线以上）设为湿地净化区，将最为安全的区域（20年一遇水位线以上）作为田园休闲区。

总体思路：构建综合服务的绿色基础设施

实景图

实景图

与洪为友：生态护岸的自然演变

秦腔文化广场既满足洪水适应性要求又为市民提供了理想的集散、休闲和活动场所

孩子们在亲水湿地区玩耍

湿地组合提供了环境教育和休闲体验的机会

实景图

景观桥和栈道相映成趣

夜间的景观桥为公园增添了一分色彩

IDEA-KING
since 2011艾景奖®

THE 8TH IDEA-KING COLLECTION BOOK OF AWARDED WORKS

第八届艾景奖国际景观设计大奖获奖作品

创意绿廊秋景

北京望京中央商务区公园

WANGJING CBD PARK

设计单位：AECOM　　主创姓名：梁钦东　　成员姓名：王旭、邓淼、赵星、王婧、王珈熠、Kristiana Leniart、王庆凯、陆瑶、江丹、赵沸诺、赵菁

设计时间：2015年10月　　项目地点：北京市朝阳区望京商务区　　项目规模：7万平方米　　项目类别：城市公共空间景观设计

委托单位：昆泰集团

总平面图

艺术绿廊春景

艺术绿廊秋景

设计说明

项目区位图

场地前期分析图

望京CBD公园基地周边科技企业云集，如阿里巴巴总部、微软大厦、望京国际研发园区，东侧不远为北京最大的公共艺术区——798艺术区及草场地艺术区。公园旨在高度整合、连接周边的各种城市资源，并为周边生活工作的人们提供活动的场所与容器，开放愉悦的公共空间本身就能激发人们的创意与想象。

公园周边创新技术公司云集，毗邻区域内主要干道及地铁站出入口。创意绿廊利用LED互动屏幕、特色雕塑及音乐喷泉打造一个吸引人的景观入口。所有的特色元素都能在公园主路、微地形及广场空间上被看到。

商务绿廊作为整个公共空间的重要节点可举办市级大型活动。展览广场与中轴上的展览中心紧密相连，在这里可举行大型户外活动或其他临时展览，也可用作周边科技公司展示产品的舞台。

艺术廊架旨在公共空间中提供一些户外放松的场所，如非正式运动场地、景观廊架、户外剧场等，让人们工作生活之余减轻压力和自我修复。简单的休憩充电场所为商务人士提供户外交流空间；半下沉的覆土建筑可设咖啡简餐及室内垂直绿化丰富北京冬季的公共活动；木制剧场及挑台为艺术家们提供展示交流作品的场所。所有的元素都在鼓励人们开放、自由地使用城市公共空间。

由于周边住宅及零售较多，最后两个地块以安静的微地形空间为基底，打造休憩与观景的小场所。一个与周边建筑立面色彩呼应的特色景观桥穿过轮滑场地边的雨水花园，成为该区的中心景点。被樱花围绕的圆形山丘是整个公园的制高点，在樱花盛开的季节提供游客们远眺公园的最佳视角。

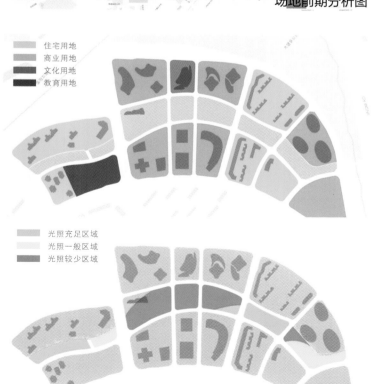

场地分析图

入口音乐喷泉

科技廊架夜景

科技廊架鸟瞰

科技廊架秋景

科技互动水景

四季客厅鸟瞰

艺术绿廊主路秋景

充电廊架

雕塑展览

踏板发电

景观桥

星河山丘

总平面图

安徽省亳州市北部新城陵西湖景观工程

BOZHOU NORTHEM NEW AREA LINGXIHU

设计单位：北京土人城市规划设计股份有限公司　　主创姓名：林国雄　　成员姓名：武超、孙腾、王天霞、毛睿、肖京泽
设计时间：2016年12月　　项目地点：安徽省亳州市北部新城　　项目规模：79公顷　　项目类别：公园设计
委托单位：中铁置业亳州投资发展有限公司

鸟瞰效果图

鸟瞰效果图

设计说明

项目位于安徽省北部，亳州市谯城区，北部新城开发区中心区域，涡河以北，陵西湖及周边地区。北起北一环路，南至涡河入河口，西起花戏楼路，东至沿河路。公园占地面积约79公顷，其中陆地面积57.6公顷，水域面积21.4公顷。项目为"亳州市海绵城市试点项目"，为海绵城市的推行，让生态建设由口号落实到政策和资金，本项目旨在打造一个以生态恢复，海绵城市建设为主，同时承载公共活动、居民休闲、形象展示、旅游服务等功能的综合性景观。项目设计建设的意义：

1. 保护生态环境建设的需要

近年来，亳州市经济得到飞速发展，但同时也带来了严重的环境污染，生态环境遭到破坏，本项目的建设对于保护当地生态系统具有十分重要的作用。

2. 改善居住环境，建设生态宜居的需要

为居民提供一个环境优美、空气清新、水质洁净、游憩休闲需要的空间和人民安居乐业的小康环境。对于促进社会可持续发展，建设生态宜居都具有重要的意义。

3. 创建水系景观环境的需要

北部新城陵西湖水系景观工程的实施，将对滨水区的自然环境改善、城市形象提升以及城市社会经济格局的优化和可持续发展等方面产生深远的影响。

台地廊桥

IDEA-KING
since 2011 艾景奖®

第八届艾景奖国际景观设计大奖获奖作品

THE 8ᵀᴴ IDEA-KING COLLECTION BOOK OF AWARDED WORKS

生态驳岸

水上栈道

休憩廊架

综合服务建筑

入口广场

保留现状林

水上森林

儿童活动空间

林中跑步道

田园综合体总平面图

温州瑞安曹村特色田园小城镇概念规划

THE CONCEPTUAL PLANNING OF SMALL RURAL TOWNS WITH SPECIAL CHARACTERISTICS IN CAOCUN RUIAN WENZHOU

设计单位：泛亚景观设计（上海）有限公司　　主创姓名：孙威　　成员姓名：王锋、朱墨涵、张安怡、金铭铭

设计时间：2018.02～2018.06　　项目地点：浙江省温州市瑞安市曹村镇　　项目规模：3620公顷　　项目类别：旅游区规划

委托单位：绿城田园城市建设发展有限公司

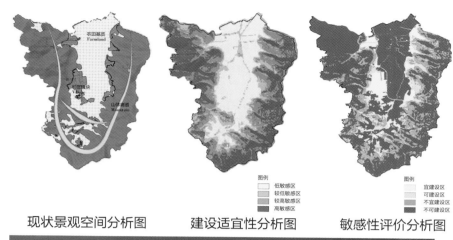

现状景观空间分析图　　建设适宜性分析图　　敏感性评价分析图

图例
低敏感区
较低敏感区
较高敏感区
高敏感区

图例
宜建设区
可建设区
不宜建设区
不可建设区

深谷康养夜景图

设计说明

依托曹村镇的各大资源优势，结合现状及地形条件，规划结构为"一心一带五片区"。

一心：综合服务核心；一带：全景观光带；五片区：以生态为主题的山水乐谷；以文化创意为主题的创意小镇；以田园风光为主题的田园牧歌；以特色民宿为主题的原乡幽居；以高端康养别墅为主题的隐逸康谷。

规划将旅游产品分为休闲类、活动类以及文化类。依托资源特质，同时在整体上保持由北至南为从"动"到"静"的变化。活动类项目主要分布于西北部；文化类项目主要分布于西部镇区；休闲类主要分布于东侧以及南部片区。

田园牧歌以天井垟为核心进行打造，以观光农业、亲子活动、艺术摄影、夏令营为主题，形成十件最浪漫的事。隐逸康谷以现存特色建筑为核心，对现存民居进行改造提升，以古村落为特色，注入康体修心元素、特色居住等业态，打造乡土情感养生体验地。最终形成食、酒、茶、花、溪、曲、艺、风、月等九大主题度假组团。山水乐谷以梅龙溪良好的山水资源及古寺为依托，规划生态山水游线，设计露营场地和山地运动赛事赛道，打造多元化户外活动区。创意小镇作为曹村镇中心区，以旅游服务、文化教育展示、民俗博览为核心，打造成为服务于整个曹村镇景区的集旅游咨询、停车换乘、文化教育等功能为一体的综合性服务中心。原乡幽居则以最原真的村居体验为特色，吃最有机的农家菜，住最原真的民家宅，品最香醇的农家酒，体最传统的手工艺。

田园综合体鸟瞰图

隐逸康谷平面图

隐逸康谷鸟瞰图

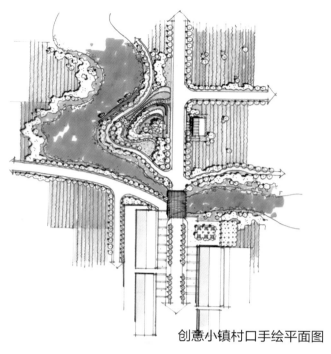

创意小镇村口手绘平面图

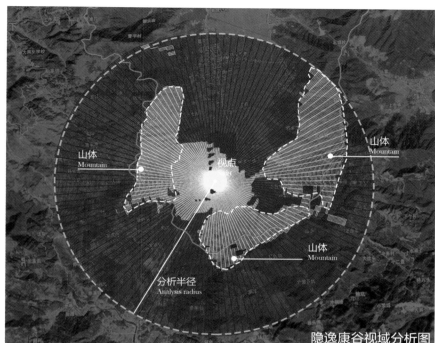

山体
Mountain

山体
Mountain

视点

山体
Mountain

分析半径
Analysis radius

隐逸康谷视域分析图

创意小镇村口改造意向图

稻田守望者意向图

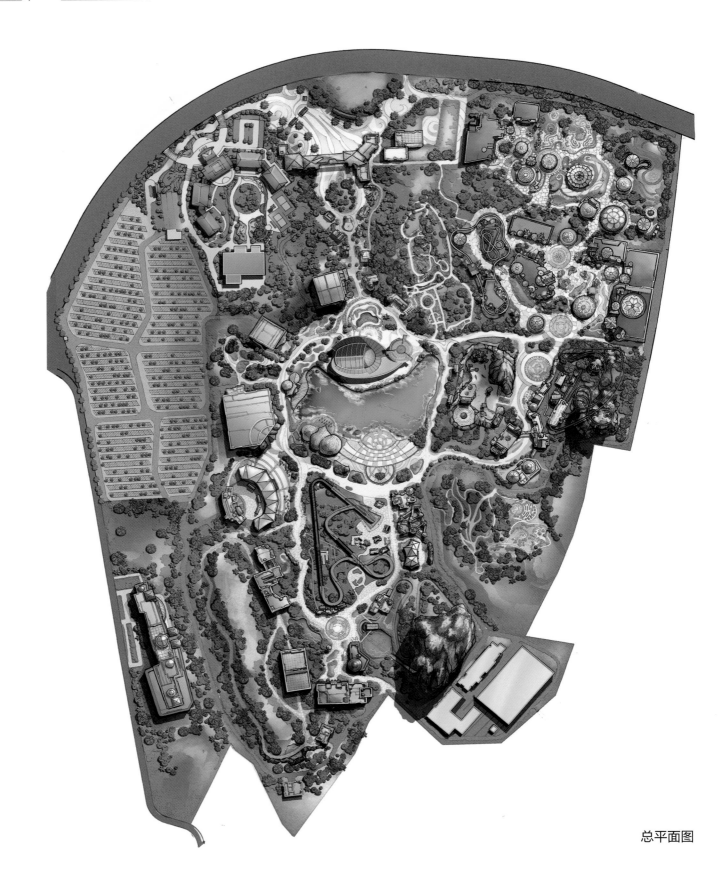

总平面图

郑州中华恐龙园

ZHENGZHOU DINOSAUR LAND

设计单位：常州恐龙园文化旅游规划设计有限公司　　主创姓名：尤挺　　成员姓名：臧建刚、余冬、徐磊、朱贵永、张婷、杨恩、凌之烨

设计时间：2017年12月　　项目地点：河南省荥阳市广武镇　　项目规模：750亩　　项目类别：旅游区规划

总鸟瞰图

基地入口效果图

设计说明

　　郑州中华恐龙园的开发理念充分发挥恐龙IP优势，开创恐龙文化主题体验新视角；结合文化创意、科技创新、文科融合的创新理念；为游客营造恐龙时代真实场景体验。本案在传承了常州中华恐龙园科普和娱乐精髓的基础上，立足生态因地制宜，立足文化丝丝入扣，立足体验人龙共生，打造中国民族主题公园的新标杆。本案构思了具有宏大世界观体系的"DR（恐龙复活）计划"和许多有血有肉的人物角色，以一枚恐龙蛋的发掘-孵化-破壳-成形的生动故事线串起六大风格主题区。每个区域从风格、功能到体验自成体系，但又环环相扣，共同呈现出一个史诗级的史前世界。在充满着由妙趣横生的情境式交互项目和演艺化服务的氛围里，无论是孩子还是大人都能从游园体验中真切地感受到恐龙IP的持久魅力。

赛恩斯营地效果图

恐龙复活研究中心

迪诺方舟效果图

狂野丛林效果图

失落遗迹效果图

梦幻侏罗纪效果图

第八届艾景奖国际景观设计大奖获奖作品

THE 8TH IDEA-KING COLLECTION BOOK OF AWARDED WORKS

鸟瞰图

大苏山概念性规划及启动区修建性详细规划

DASUSHAN CONCEPTUAL PLANNING AND CONSTRUCTIVE DETAILED PLANNING OF THE START-UP AREA

设计单位：上海交通大学规划建筑设计有限公司   主创姓名：王璐   成员姓名：黄子苇、杨忠、王雨倩、李溦

设计时间：2017年   项目地点：河南省光山县   项目规模：27.2平方公里   项目类别：旅游区规划

委托单位：信阳大苏山旅游发展有限公司

风景道效果图

滨水景观效果图

滨水景观效果图

设计说明

大苏山项目位于河南省东南部的光山县，地处鄂、豫、皖三省的连接地带，属于典型的豫南地区，呈现出梯田层层，河渠纵横，塘堰密布，水田如网，成为一个浅山丘陵与乡村田园融合的区域，拥有类似江南风光的自然景观，总规划面积为27.2平方公里，启动区特色小镇规划用地总面积约322.23公顷。

大苏山的核心优势在于其自然环境资源在北方的稀缺性与天台宗文化的独特性。因此本规划充分发挥大苏山的自身优势，保护好自然的丘陵缓坡基底，将森林、良田、湖泊、湿地等元素融入其中，导入文化、运动、养生、康体等多种旅游业态，内部形成旅游特色小镇、庄园牧场、体验聚落等多种旅游设施，整体构建森林田园型国家乡村公园。

本次规划以基地内天台宗发祥地——净居寺为核心，打造"一寺一镇四入口，一谷二湾三公园"共十二大项目群，其中启动区"一镇"为扬帆禅茶文化特色小镇，以"禅茶"文化为主题，以旅游服务为主要功能对基地进行规划设计，将"禅茶"文化中的"清、正"等文化内涵进行解读，把内涵翻译成"学习、体验、清修、养生等"功能，通过项目演绎形成极具大苏山文化烙印的特色街区；整体运用光山本土传统建筑风格，适当点缀文化景观，塑造古朴而富有禅意的小镇风貌；环境上将溪流、小桥、古戏台、稻田等要素穿插在整个小镇当中，塑造豫南最美的田园特色小镇。规划结构为："两核两轴，一环四组团"。

田园景观效果图

第八届艾景奖国际景观设计大奖获奖作品

THE 8TH IDEA-KING COLLECTION BOOK OF AWARDED WORKS

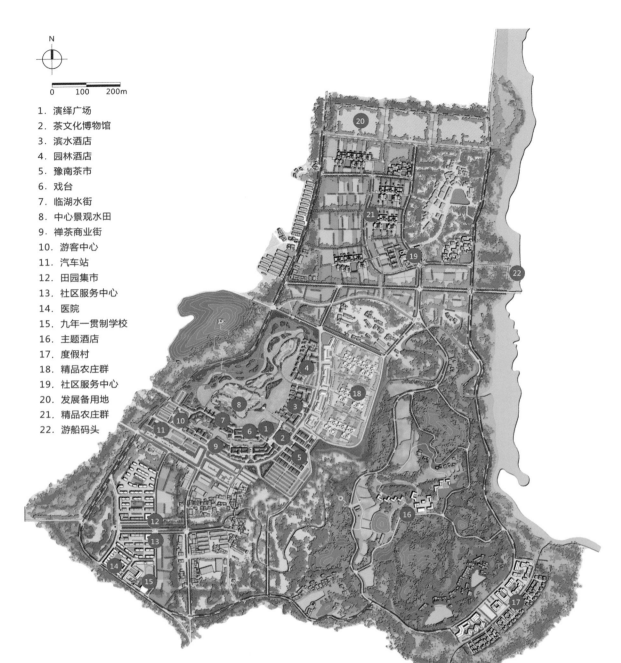

1. 演绎广场
2. 茶文化博物馆
3. 滨水酒店
4. 园林酒店
5. 豫南茶市
6. 戏台
7. 临湖水街
8. 中心景观水田
9. 禅茶商业街
10. 游客中心
11. 汽车站
12. 田园集市
13. 社区服务中心
14. 医院
15. 九年一贯制学校
16. 主题酒店
17. 度假村
18. 精品农庄群
19. 社区服务中心
20. 发展备用地
21. 精品农庄群
22. 游船码头

平面图

田园景观效果图

旅游服务组团鸟瞰图

茶园驿站效果图

精神堡垒效果图

THE 8TH IDEA-KING COLLECTION BOOK OF AWARDED WORKS

第八届艾景奖国际景观设计大奖获奖作品

IDEA-KING
since
2011艾景奖®

总平面

华润大学（白洋淀）改扩建整体概念规划设计

HUARUN UNIVERSITY CONCEPTUAL LANDSCAPE DESIGN

设计单位：上海骏地建筑设计事务所股份有限公司　主创姓名：付方芳、翟隽　　成员姓名：何天腾、吴艳丽
设计时间：2017年9月　　项目地点：河北省保定市雄白洋淀华润大学　　项目规模：44.27万平方米　　项目类别：校园景观设计
委托单位：华润置地（北京）股份有限公司

钟塔效果图

缓林草坡手绘效果图

林荫道手绘效果图

设计说明

　　本项目位于河北省保定市雄县温泉城1号路，通过对现状场地资源整合，以海绵校园、共享校园、人文校园为景观设计理念，采用两横一纵的景观结构。东西主轴为人文轴线，集中设置人文景点；东西次轴为共享轴线，集中提供生活配套，南北轴线与东西轴线相交于中心草坪处。

　　依托白洋淀的地理优势，水资源管理是可持续校园的重要组成部分，通过收集净化雨水来冲洗操场、停车场，浇灌绿地和为景观水体补水，减少校园对传统水资源的消耗，缓解校园内涝积水现象，改善水生态环境，促进可持续校园建设。同时选择适宜地形新设了多处雨水花园，通过石笼护坡等5种驳岸形式丰富了校园的生态水岸。

　　通过新增多处湖畔论坛、交流广场、学术公园等共享空间，整合华润大学丰富的教育资源，着力打造共享校园，将80%的学校资源对外共享，100%全年无休，奠定一个资源分享的校园集合体。

　　通过保留超过90%的高大乔木，鼓励每个毕业生种下一棵树，逐步形成"润"森林。设置超过10个人文景点，打造一年一度的赛艇活动，在湖畔论坛设置六根代表现代大学精神的图腾柱，重叙我们的纽带与传承，将"人文校园"深深的扎根在每一个人的心中。

校园手绘鸟瞰图

入口效果图

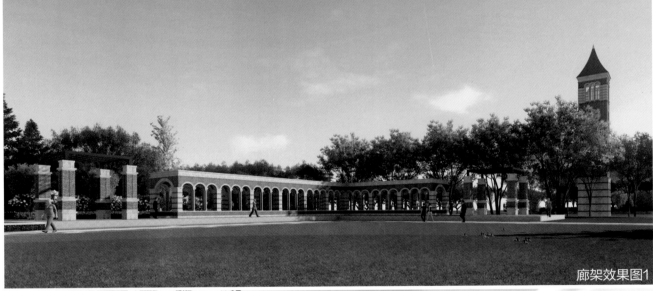

廊架效果图1

廊架效果图2

广场手绘效果图1

广场手绘效果图2

滨水手绘效果图1

滨水手绘效果图2

滨水手绘效果图3

IDEA-KING
since
2011艾景奖®

第八届艾景奖国际景观设计大奖获奖作品

THE 8TH IDEA-KING COLLECTION BOOK OF AWARDED WORKS

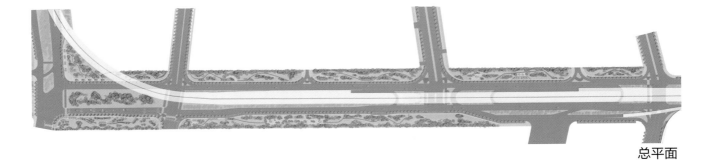

总平面

妈湾片区道路环境综合提升工程

MAWAN AREA ROAD ENVIRONMENT COMPREHENSIVE IMPROVEMENT PROJECT DESIGN AND CONSTRUCTION GENERAL CONTRACTLNG

设计单位：广东中绿园林集团有限公司   主创姓名：林晓东、王银英、何娟、鞠靽、朱梦甜、张经纬、杨明明、王旭光、郭蕾、骆丽花、黄锦慧、朱鹏、徐建成、董金华、许良禹、胡耀欢

设计时间：2017年11月   项目地点：深圳前海妈湾片区   项目规模：282792平方米   项目类别：城市公共空间

委托单位：深圳市前海蛇口自贸投资发展有限公司

海湾鸟瞰效果图

海忆鸟瞰效果图

示范段实景

示范段实景

设计说明

深圳前海妈湾片区道路环境综合提升工程综合提升范围包括妈湾大道——月亮湾大道——前海四路（现状铲湾路）——听海路（临海大道）的围合区域，约2.9平方公里。街道是城市的脉络，本设计旨在从整体层面对街道景观系统进行统筹考虑和全面梳理，提升道路景观质量，创造优美的城市绿化空间，充分利用自然与人文条件，将园林景色和海滨风光引入城市街区。妈湾区位通山达海，主干道兴海大道，通过海忆来表现海洋和妈湾的记忆，海港、海湾来阐述核心理念时光廊道。其他道路通过种植不同花色的植物来营造四季有景可观、自然生态、片区特色明显的景观效果，整体形成"时光廊道盛世景，海天潋滟醉妈湾"的艺术画卷，在城市空间中发挥着生态优化、景观廊道和城市主干道的功能。设计秉持着生态性、展示性、经济性、科学性和艺术性相结合的原则，将妈湾片区打造成生态宜居的都市生态活力人文新景观，一带一路国际合作先导区，一张国际化的名片。

示范段实景

示范段展示平台效果图

IDEA-KING
since
2011艾景獎®

第八届艾景奖国际景观设计大奖获奖作品

THE 8TH IDEA-KING COLLECTION BOOK OF AWARDED WORKS

示范段北侧效果图

示范段南侧效果图

临海大道效果图

示范段展示平台节点效果图

妈湾二路与听海大道交叉口效果图

梦海大道效果图

IDEA-KING
since 2011艾景奖®

第八届艾景奖国际景观设计大奖获奖作品

THE 8TH IDEA-KING COLLECTION BOOK OF AWARDED WORKS

湖北广水火车站站前广场（茶旅小镇）规划

HUBEI GUANGSHUI RAILWAY STATION STATION SQUARE (TEA BRIGADE TOWN PLANNING)

设计单位：北京纳墨园林景观规划设计有限公司　主创姓名：王胜男　成员姓名：张华、鲍占宇、赵玥祎、张琳琳、郑秀涛、卢佳莹、滕菲菲、王林涛
设计时间：2017年6月　项目地点：湖北广水市武胜关镇　项目规模：32公顷　项目类别：城市公共空间
委托单位：湖北广水城市发展投资有限公司

设计说明

通过低影响技术，实现场地雨水的原位收集、自然净化、就近利用以及地下水回补。

依托良好的自然资源，深挖地域特征明显的车站文化、茶文化、红色文化、关隘文化，以场所记忆、民间传承、传统生产生活方式和本地住民的情感认同为基调，活化文化资源，打造场景式、体验式的活态博物体系，形成深度文化旅游产品。通过文化的景观化、可视化处理，应用于交通动线、服务设施、建筑风貌、品牌、标识等，为公共空间增添活力与吸引力。

以生态、文化作为项目发展核心，优化空间布局与交通动线，整合并导入长期处于低、小、散状态的传统茶产业，构建产业集聚与生产、生活服务型平台，形成一个融合茶产品商贸、文旅体验、休闲栖居的活力商区、魅力景区、生态社区。

本案位于自然与人文资源良好的湖北广水武胜关镇，规划将景观格局作为生态基础设施，以维护、修复自然、生命和人文的完整性和延续性为前提，构建人和土地的和谐关系。用地保留完整的生态基质，通过城市生态廊道的贯通，融入广水城乡生态空间格局。确立生态优先原则，尊重现有地形地貌，并对建设与人的活动限定了严格的边界，将人工对自然的扰动降到最低。项目采取低扰动、低技术策略进行山体、植被、水系的修复和生境营造。

【**车站文化**】广水站始建于1902年。站房建筑最初为英式风格,后扩建拆迁。广水站曾是京广铁路线上的一个重要车站,历史上伟大领袖毛主席南巡,曾路过广水停留,离广州站1238公里,隶属武汉铁路局管辖,现为三等站。目前也是全国火车站站前广场最小的火车站。

效果图

【**茶文化**】广水市作为产茶大市,在茶叶种植、加工、品牌、贸易,以及产业化机械生产、培训等方面,均占据较高的区域优势。项目依托广水自然宜人的环境,人文资源独特,发展文化旅游。

效果图

【**关隘文化**】广水北部拥有古代义阳三关旧址。义阳三关,大别山脉主要隘口,指九里关、平靖关、武胜关,武胜关镇由此得名。位于河南省信阳市,因信阳在南北朝时期为义阳郡治,故有"义阳三关"之称。两侧巍峨峻岭,峰峦耸峙,是豫南之天然屏障,古今兵家必争之地。

【**红色文化**】1958年,毛主席南巡,路过广水,并在广水车站停留,为火车加煤加水,借势红色文化脉络,从场所精神的角度讲,我们希望场地的记忆和文脉是延续的,借助车站广场和茶旅小镇,我们希望能够把原来的建筑风貌中的线脚、颜色、材质等元素加以提取,使其在新的建设中得到重现。

效果图

THE 8TH IDEA-KING COLLECTION BOOK OF AWARDED WORKS

商业街效果图

站前广场效果图

戏台效果图

依山就势，对现状场地进行平整，形成三阶梯状，逐级上升，在视线上给人层次的错落感。

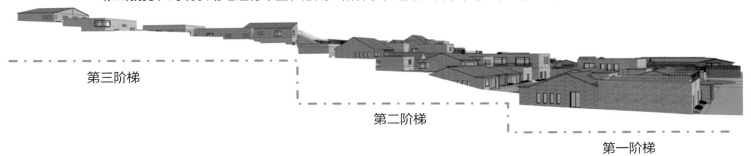

第三阶梯

第二阶梯

第一阶梯

立面效果图

村庄效果图

茶社效果图

IDEA-KING
since
2011艾景奖®

第八届艾景奖国际景观设计大奖获奖作品

THE 8TH IDEA-KING COLLECTION BOOK OF AWARDED WORKS

湿地回廊效果图

淄博市范阳河生态修复工程

LANDSCAPE AND ECOLOGICAL DESIGN OF FANYANG RIVER ZIBO

设计单位：淄博市规划设计研究院　　主创姓名：王庆华　　成员姓名：张呈鹏、李百臣、李桐、房荣、王永军、裴慧慧、穆晓琳、王冉、黄蕾、李晓道
设计时间：2016年8月　　项目地点：山东省淄博市张店区　　项目规模：246公顷　　项目类别：园区景观设计
委托单位：淄博市生态水系建设指挥部

桃花林语效果图

① 圆形广场
② 树池坐凳
③ 临水空间
④ 弧形坐台
⑤ 疏林草地
⑥ 活动场地
⑦ 异型花坛
⑧ 绿道
⑨ 村镇路
⑩ 海棠片林

海棠花溪平面详图

设计说明

　　项目位于淄博市张店区和文昌湖旅游度假区的结合段，是两区联系的一条重要生态廊道，设计范围从文昌湖萌山水库——昌国西路，长度17.7公里，设计宽度最宽620米，总面积246公顷。

　　现状范阳河两侧无系统性道路，沿岸工厂林立，工业污染较为严重，最为突出的是河道内到处是生活垃圾、建筑垃圾和陶瓷企业倾倒的瓷泥，生态环境较差。设计尊重现状，适当保留现有植物群落，在此基础上划定可设计的范围，进行景观化处理，做到干预度最小，可实施度、可操作性最高。范阳河处于城郊接合段，以打造生态朴野、水绿相融、充满活力的水岸连廊景观为目标，以自然、生态、朴野为特色，形成从城市到郊野的过渡，烘托郊野氛围。

　　为加强两区的交通联系及河道与周边村庄的紧密联系，在河道两侧分别设置绿道及车行道，结合绿道突出植物特色，打造有景致、有色彩的魅力绿道；结合8米车行道合理分布休憩驿站及停车场地，布置特色鲜明、方便换乘的驿站空间；依托周边村庄，设置休闲活动场地及观赏型经济作物种植，促进农家乐、乡村游的发展，为周边村庄注入新的活力。

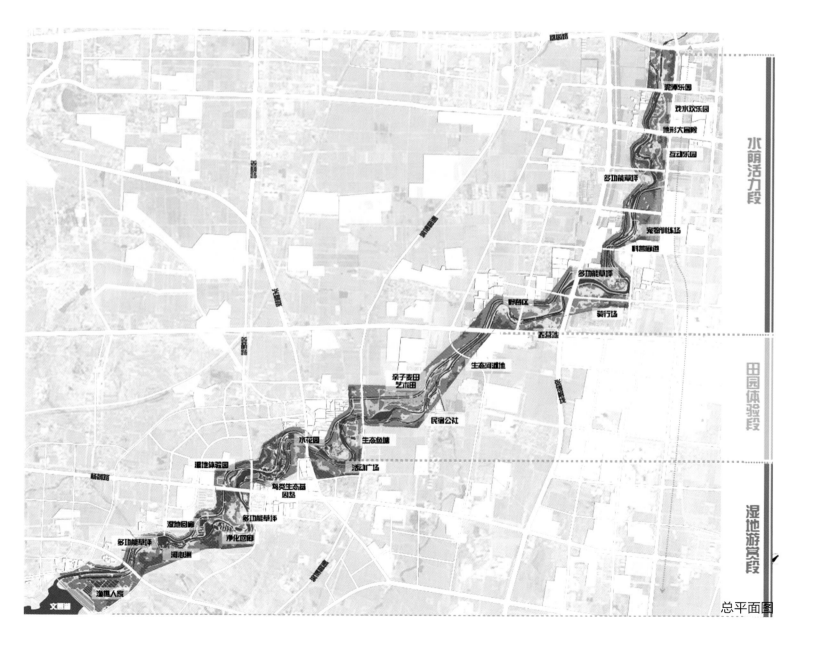

总平面图

樱花台地效果图

驿站效果图

滨河拾趣效果图

下凹绿地效果图

断崖

常水位

车行道

断崖河岸剖面图

四号海湾实景

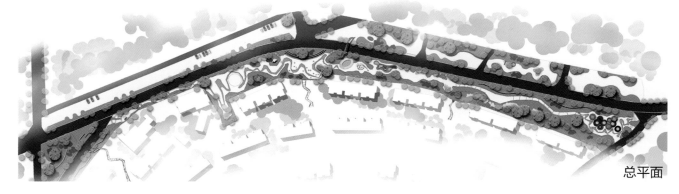

总平面

杏花村国际文化集镇景观概念方案

THE INTERNATIONAL CULTURE TOWN OF XINHUA VILLAGE CONCEPTUAL LANDSCAPE DESIGN PLAN

设计单位：环球地景设计有限公司　　主创姓名：罗冰梅　　成员姓名：陈彪、廖阳、吝丽、刁成龙、田春雷、周敏
设计时间：2017年9月　　项目地点：中国成都市青白江区　　项目规模：13000平方米　　项目类别：城市公共空间
委托单位：成都和盛新兴都市农业开发有限公司

入口效果图

入口效果图

鸟瞰图

设计说明

杏花村位于福洪镇,处于四川省成都市青白江区南部,东连人和乡、清泉镇,西接龙王镇、新都区石板滩镇,北毗姚渡镇,南邻龙泉驿区文安镇、义和镇,距成都市区26公里,距青白江区政府所在地24公里,距成南路清泉出口3.5公里。

由景观节点的创意性开始一步步展现城镇特色,不论是纯观光或是带动设计文化进而和国际接轨,趣味性地带动观光人潮,用一种明确的空间组织去重建田园的血缘社交性。

"满山杏花如雪,万亩杏林似海",景区万亩杏树钟灵于龙泉山脉之毓秀,滋润于环翠流泉之甘霖。杏花村是客家人的集聚地,崇文重教、崇尚节俭的客家文化精髓,在这里得到很好的传承,客家村寨、客家文化长廊、文杏馆展示了独特的客家民俗。杏花村中有云霞掩映的风情山寨,充满情趣的农事体验,健康浪漫的山野运动,碧波荡漾的杏花湖和悠远古朴的杏树王。

该项目结合本土文化,将现代感与自然态糅合于设计之中,打破传统,用"社区客厅"理念,为乡村提供了充满活力、灵动多元的室外活动场所,鼓励不同年龄阶段的人能够参与到户外运动中来,构建起人与人、人与自然的交流桥梁。同时,尽可能使用"在地性"的本土元素,保留区域记忆,着力拉近城与镇之间的距离,用一种明确的空间组织去重建田园的血缘社交性。

漫步天地效果图

彩虹阶梯效果图

童趣广场入口效果图

童趣广场效果图

童趣广场效果图

童趣广场效果图

童趣广场效果图

第八届艾景奖国际景观设计大奖获奖作品

THE 8ᵀᴴ IDEA-KING COLLECTION BOOK OF AWARDED WORKS

总平面

北京远洋中心景观改造

SINO-OCEAN INTERNATIONAL CENTER LANDSCAPE FEASIBILITY STUDY

设计单位：北京远洋景观规划设计院有限公司　主创姓名：黄显亮　成员姓名：孔令丹、苏家羽、张瑜、彭飞
设计时间：2017年6月　项目地点：北京市朝阳区远洋国际中心　项目规模：2万平方米　项目类别：城市公共空间

景观主题

设计说明

北京远洋国际中心位于北京市CBD东区，朝阳路与东四环交汇处。场地前身为著名"北京纺织城"的京棉三厂，厂房拆除后的几年时间，远洋国际中心拔地而起，这几座CBD东沿线上的高层成了慈云寺的新地标。项目设计始于2017年6月，项目景观面积20930平方米。

园区设计主题"引领发展，承载历史；见证变迁，迎接未来"，根据场地的发展轨迹，园区整体设计分为三个区域，分别为八里庄文化主题区（承载）-京棉文化主题区（发扬）-远洋文化主题区（引领）。景观设计风格现代为主，采用耐候钢材料贯穿整个园区，在前两个文化区内融入场地发生的历史元素，强烈的工业气息体现了场地对历史文化的延续性与昭示性。

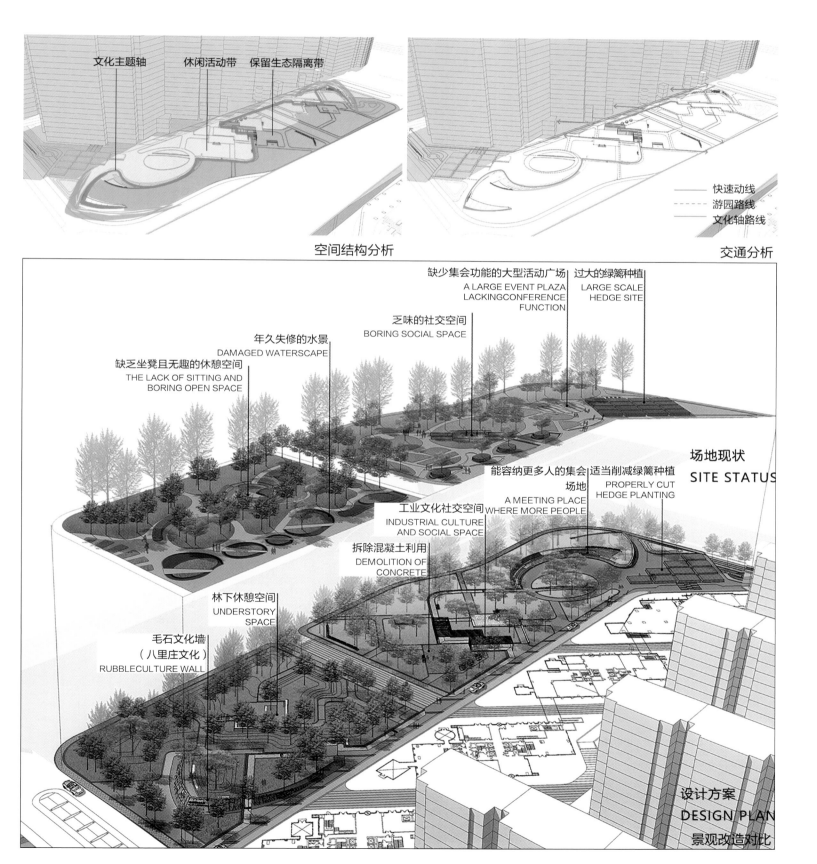

文化主题轴　休闲活动带　保留生态隔离带

空间结构分析

快速动线
游园路线
文化轴路线

交通分析

缺少集会功能的大型活动广场
A LARGE EVENT PLAZA
LACKINGCONFERENCE
FUNCTION

过大的绿篱种植
LARGE SCALE
HEDGE SITE

乏味的社交空间
BORING SOCIAL SPACE

年久失修的水景
DAMAGED WATERSCAPE

缺乏坐凳且无趣的休憩空间
THE LACK OF SITTING AND
BORING OPEN SPACE

场地现状
SITE STATUS

能容纳更多人的集会
场地
A MEETING PLACE
WHERE MORE PEOPLE

适当削减绿篱种植
PROPERLY CUT
HEDGE PLANTING

工业文化社交空间
INDUSTRIAL CULTURE
AND SOCIAL SPACE

拆除混凝土利用
DEMOLITION OF
CONCRETE

林下休憩空间
UNDERSTORY
SPACE

毛石文化墙
（八里庄文化）
RUBBLECULTURE WALL

设计方案
DESIGN PLAN

景观改造对比

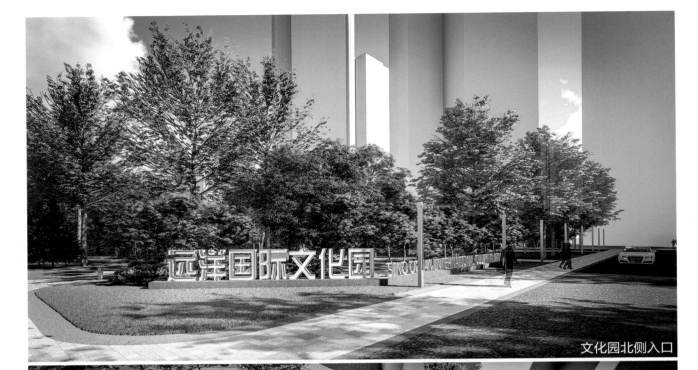

文化园北侧入口

文化长廊鸟瞰效果

远洋大事记内容，不锈钢字体（胶粘）

锈蚀铁丝网　　截面100x100mm锈蚀方钢　截面100x300mm银色工字钢

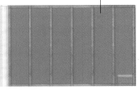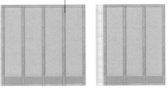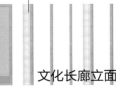

文化长廊立面

文化长廊效果

文化广场鸟瞰效果

IDEA-KING since 2011艾景奖®

第八届艾景奖国际景观设计大奖获奖作品

THE 8TH IDEA-KING COLLECTION BOOK OF AWARDED WORKS

鸟瞰图

淯江河（碧玉溪）综合治理项目

COMPREHENSIVE CONTROL PROJECT OF THE YUJIANG RIVER (BI YUXI)

设计单位：中外建华诚城市建筑规划设计有限公司　　主创姓名：付琳　　成员姓名：姜明强、张晶、王霞、朱延芳、胡照轩、王东宇、申飞

设计时间：2018年5月　　项目地点：四川省宜宾市长宁县　　项目规模：2733亩　　项目类别：城市公共空间

委托单位：长宁县住房城乡规划建设和城镇管理局

重要节点广场鸟瞰图

透视图

河道剖透图

设计说明

　　本项目位于四川省宜宾市长宁县城市中心，河道名称为"碧玉溪"，全长3.5km，河岸两侧景观面积约12.5万平方米，河道穿城而过，灌渠化严重、干涸、河床底部左右两侧均为市政截污干管，约7公里，污水渗漏，河水污染极其严重，两岸建筑老旧，生活污水乱排，现状杂乱、黑沉，居民生活品质极差，已严重影响城市形象，急需整治。

　　项目设计充分分析了县城地域、文化、特色、旅游、产业等各方面发展因素，以城市修补、生态修复为宗旨，以"城景融合""乡村振兴"国家发展战略为背景，以更高的视角看待项目，旨在为碧玉溪找准未来的角色定位，真正做到"还河于民"，改变城市形象！

项目定位

　　让城市形成景区品牌，让长宁成为全域旅游的目的地、集散地、出发地！

设计理念

　　注入《蜀南竹海；中华竹乡》主题，打造竹海长宁全域旅游；让竹文化深度体验游成为长宁弯道超车的新增长点，培育地域特色品牌产业，吸引人口回流与外地游客：

　　以碧玉溪为纽带为产业振兴塑造良好环境；

　　以景观主题植入为产业振兴建立开放平台；

　　以城市更新改造为产业振兴提供展示窗口。

　　深挖竹、融景城，产城旅，三位一体综合发展

　　设计将河道分为六区十段，分别以听竹、颂竹、品竹、舞竹、忆竹、筏竹等方面体现竹文化、竹精神、竹科技等，以此为文化主线，从河道向街区拓展，将文化赋予景观中，将产业植入建筑功能中；此外，针对河道灌渠化，进行分级蓄水，抬高水面，将硬质河道堡坎软化，修复打造自然景观驳岸，恢复河道的生态环境。

重要河段夜景透视图

鸟瞰图

亲水步道　　　　　湿地河道　　　　　生态草坡驳岸　河道剖透图

林间栈道　草坡驳岸　　　　　湿地河道　　　　　草坡驳岸　游道　河道剖透图

鸟瞰图

河道剖透图

草坡绿化　休闲游步道　　生态草坡　　亲水栈道　　　　　生态河道　　　　　亲水栈道

FL=266.50　　　FL=269.00

石笼

河道剖透图

现状建筑　绿化　草坡驳岸　　　湿地河道　　　特色竹笼　　　湿地河道　　　　生态草坡　林间游道

FL=263.00

IDEA-KING
since 2011艾景奖®

第八届艾景奖国际景观设计大奖获奖作品

THE 8TH IDEA-KING COLLECTION BOOK OF AWARDED WORKS

绿心平面图

新疆乌鲁木齐十二师头屯河东岸综合治理

XINJIANG WULUMUQI EAST BANK OF TOUTUN RIVER COMPREHENSIVE RENOVATION PROJECT

设计单位：北京东方利禾景观设计有限公司　　主创姓名：王冠、徐琳、安娜、任慈、杨智慧、王红蕊、高桦

设计时间：2017年11月　　项目地点：新疆乌鲁木齐　　成员姓名：褚鑫源、高宏升、韩震、李珊、韩飞、王祎惠紫

项目规模：570公顷　　项目类别：城市公共空间　　委托单位：新疆生产建设兵团十二师规划局

冬季效果图

开拓之路（环廊）室内效果图

设计说明

　　头屯河东岸综合整治项目位于乌鲁木齐与昌吉之间，兵团乌昌新区西侧，规划地块包括滨河湿地景观带及城市公园。项目是乌昌新区核心区域的重要组成部分，空间格局呈现：一心，三轴，四环，多点，打造完整的公园系统，形成开放而多样的绿色空间，可以有效整合城市资源，净化空气，减轻热岛效应，遏制迅速蔓延的郊区化趋势，对城市环境健康有序发展具有重要作用，是建设生态城市的重要手段。

　　项目的目标：

　　（1）保护城市绿心，增强绿色空间与城市的联系；

　　（2）营造和谐互动可持续发展的生态型体验环境；

　　（3）加强城市、区域互动，提升城市形象；

　　（4）塑造生态核心区域滨水空间的整体场所感；

　　（5）带动配套休闲消费，支持核心区域经济与城市旅游健康发展；

　　适度的开发形成复合型城市绿心，对提升城市形象及整体品质与活力有重大的意义。打破城市交通肌理的限制，解决人行与车行的矛盾，实现人们在绿色基底上的"无限"畅游，置身于城市，又游离于城市。

开拓之路（环廊）室外效果图

冬季鸟瞰图

IDEA-KING
since
2011艾景獎®

第八届艾景奖国际景观设计大奖获奖作品

THE 8™ IDEA-KING COLLECTION BOOK OF AWARDED WORKS

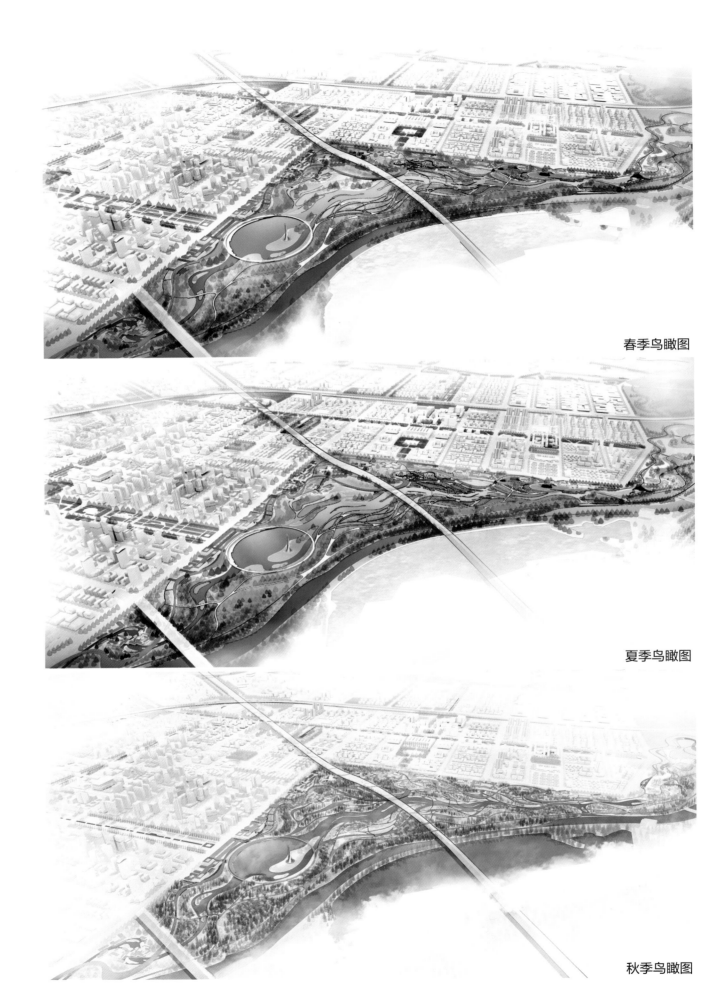

春季鸟瞰图

夏季鸟瞰图

秋季鸟瞰图

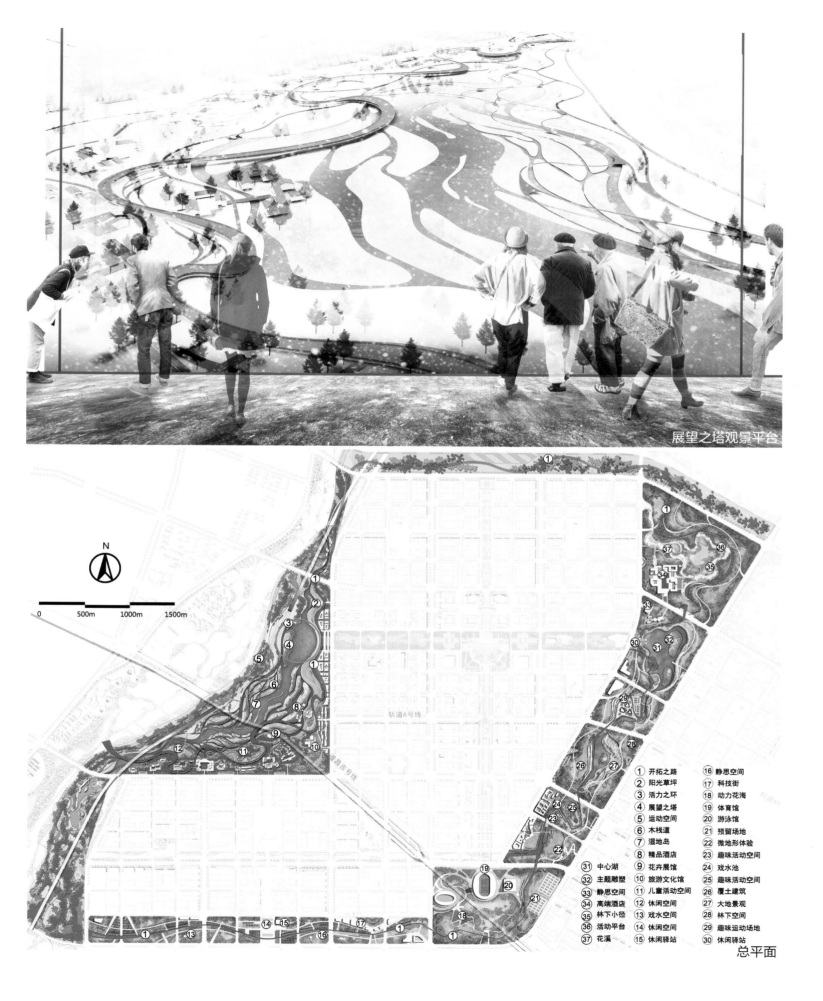

展望之塔观景平台

N

0 500m 1000m 1500m

轨道6号线

昌吉6号线

① 开拓之路
② 阳光草坪
③ 活力之环
④ 展望之塔
⑤ 运动空间
⑥ 木栈道
⑦ 湿地岛
⑧ 精品酒店
⑨ 花卉展馆
⑩ 旅游文化馆
⑪ 儿童活动空间
⑫ 休闲空间
⑬ 戏水空间
⑭ 休闲空间
⑮ 休闲驿站
⑯ 静思空间
⑰ 科技街
⑱ 动力花海
⑲ 体育馆
⑳ 游泳馆
㉑ 预留场地
㉒ 微地形体验
㉓ 趣味活动空间
㉔ 戏水池
㉕ 趣味活动空间
㉖ 覆土建筑
㉗ 大地景观
㉘ 林下空间
㉙ 趣味运动场地
㉚ 休闲驿站
㉛ 中心湖
㉜ 主题雕塑
㉝ 静思空间
㉞ 高端酒店
㉟ 林下小径
㊱ 活动平台
㊲ 花溪

总平面

THE 8TH IDEA-KING COLLECTION BOOK OF AWARDED WORKS

第八届艾景奖国际景观设计大奖获奖作品

临沂经济技术开发区小埠东灌渠

XIAOPUDONG IRRIGATION CANAL OF LINYI ECONOMIC AND TECHNOLOGICAL DEVELOPMENT ZONE

设计单位：南京匠森建筑景观规划设计有限公司　　主创姓名：陈亚军　　成员姓名：贾涵予、王韵白、汤丽丽
设计时间：2016年12月　　项目地点：山东省临沂国家级经济技术开发区　　项目规模：4.1公顷　　项目类别：城市公共空间
委托单位：临沂市经济技术开发区

"经开之弦"鸟瞰图

"沂蒙之声"入口效果图

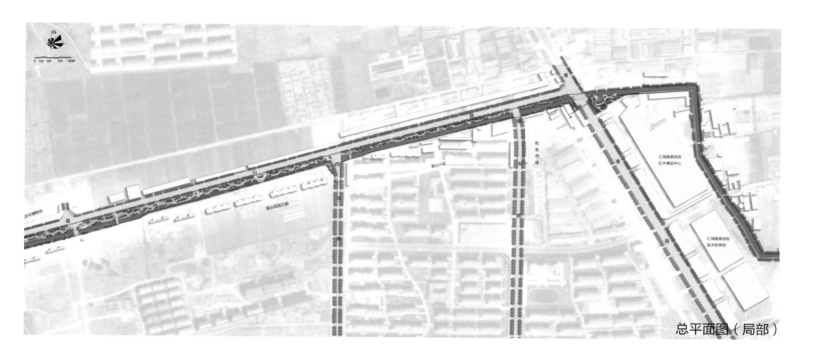

总平面图（局部）

设计说明

设计理念："斑斓五彩埠"是整个项目的设计主旨。围绕这一设计主旨将源远流长的东夷文化、不断变化的时间空间、绚丽多姿的景观元素、多样化的生态及多姿多彩的居民生活共同组成斑斓的五线谱，相互融合谱写出一首经开区人文奏鸣曲。

设计定位：打造一个展现临沂经开区文化底蕴、满足城市居民休闲生活需求的特色人文景观廊道。

项目形成"一脉、三廊、多点"的景观结构。以小埠东干渠文化传承为主要景观脉络；以"红色序曲"追史寻古区，"绿色乐章"工业制器区，"蓝色华彩"文化融合区为三大景观廊道；与多个人文节点交相呼应，有机构造出多彩小埠东。"红色序曲"景观廊道充分展现临沂文化起源、东夷文化元素以及将富有韵律的空间节奏注入场地；"绿色乐章"景观廊道展现了临沂制造业的发展，以人文景观元素串联休闲游憩广场，形成线性有机的廊道空间；"蓝色华彩"是为展现临沂文化的发展与融合，用开阔的水面和特性文化小品对区域主题进行阐述。

"凤凰图腾"景墙效果图

"韶歌沂舞"廊架效果图

"沂蒙之声"入口效果图

起源雕塑效果图

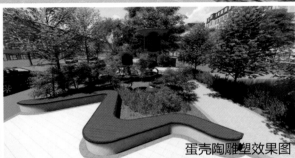

蛋壳陶雕塑效果图

农耕起源文化墙效果图

诉史景墙效果图

"凤栖梧桐"广场效果图

"蒹葭苍苍"节点效果图

IDEA-KING
since
2011艾景奖®

第八届艾景奖国际景观设计大奖获奖作品

THE 8TH IDEA-KING COLLECTION BOOK OF AWARDED WORKS

活长欲湮崇贤雨　驾创工业仁和通
漫洲丽影印良渚　科创未来科技城
各领风骚特色展　余杭连接互相融
人作天成损人文　笑游通都伯阳生

总平面

余杭区东西向快速通道综合整治工程

COMPREHENSIVE RENOVATION PROJECT OF EAST-WEST FAST TRACK IN YUHANG DISTRICT

设计单位：苏交科华东（浙江）工程设计股份有限公司　　设计人员：舒胜峰、罗杰慧、杜海伟、黄军、曾文、胡高鹏、王玉兰
邹玉庭、杨建广、黄洁、吴子捷、朱子玉、陈圣琦、周燕　　设计时间：2017年5月　　项目地点：浙江省杭州市余杭区
项目规模：246.88万平方米　　项目类别：城市公共空间

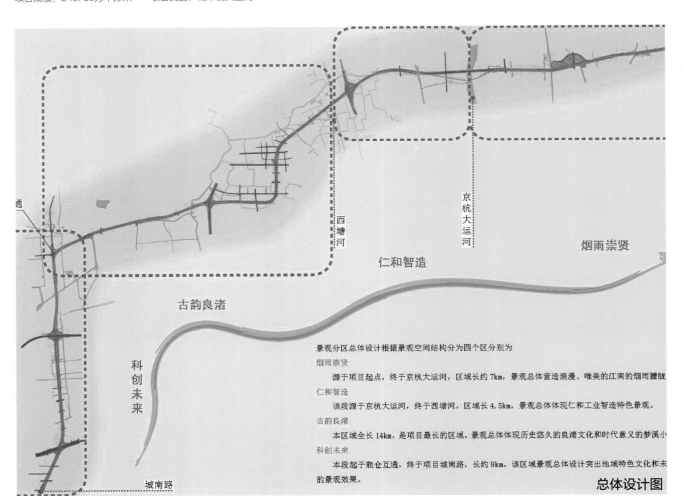

景观分区总体设计根据景观空间结构分为四个区分别为
烟雨崇贤
　　源于项目起点，终于京杭大运河，区域长约7km，景观总体营造浪漫、唯美的江南的烟雨朦胧
仁和智造
　　该段源于京杭大运河，终于西塘河，区域长4.5km，景观总体体现仁和工业智造特色景观。
古韵良渚
　　本区域全长14km，是项目最长的区域。景观总体体现历史悠久的良渚文化和时代意义的梦溪小
科创未来
　　本段起于瓶仓互通，终于项目城南路，长约9km，该区域景观总体设计突出地域特色文化和未
的景观效果。

总体设计图

崇贤雨滴效果图

贤趣雅谈效果图

设计说明

本项目整体呈现环抱之势，遥瞰杭州。超山与半山位于项目东部起点处，主要河流包括西溪湿地以及西湖风景区以及穿插的众多河流，复合绿地空间在项目研究范围内与农田地段兼存，穿镇区域则集中在项目中段和西段。

本案设计范围共246.88万平方米，是功能定位明确，背景环境清晰，空间塑造紧凑的侧边绿地复合设计。涉及两侧景观绿化工程、亮化工程、立面整治工程等，主要内容包括道路两侧30米范围内的景观绿化设计，慢行系统的梳理规划，建筑里面的整治以及桥梁和建筑的立面照明。

项目由东向西经过崇贤、仁和、良渚、未来科技城、余杭街道，衔接余杭中西部交通景观系统。通过项目构建慢行系统网络，融入杭州市慢行交通系统，促进沿线地区的发展和慢行交通的完善，犹如花木，向阳而生。

根据景观空间结构分为四个区：

烟雨崇贤：源于项目起点，终于京杭大运河，区域长约7km，营造浪漫、唯美的江南的烟雨朦胧的美。

仁和制造：源于京杭大运河，终于西塘河，区域长4.5km，体现仁和工业智造特色景观。

古韵良渚：区域全长14km，体现历史悠久的良渚文化和时代意义的梦溪小镇特色。

科创未来：起于瓶仓互通，终于项目城南路，长约9km。设计突出地域特色文化和未来科技感的景观效果。

崇贤互通效果图

曲渚生境效果图

| 密林空间 | 慢行跑道 | 绿化组团 | 观景平台 | 生态水泡 | 沿街绿地 |

剖面_湖畔古印

水墨丹青夜景效果图

泽畔听风效果图

| 非机车道 | 组团绿化 | 慢行跑道 | 台阶 | 活动广场 | 异形坐凳 |

剖面_简创纪元

在重要道路节点，通过投影技术的应用，在桥底表现科创未来主题灯光内容。

灯光夜景效果图

关湖村节点效果图

2017年度诸暨市美丽公路建设工程

2017 ZHUJI BEAUTIFUL HIGHWAY CONSTRUCTION PROJECT

设计单位：苏交科华东（浙江）工程设计股份有限公司　　设计人员：王玉兰、罗杰慧、杜海伟、黄军、曾文、胡高鹏、舒胜峰
余秋菊、邹玉庭、李仕东、宋秀霞、戴心仪、林枫、巫浩　　设计时间：2017年5月　　项目地点：浙江省诸暨市
项目投资：1.6亿　　项目类别：城市公共空间

双佳路节点效果图

牌头服务驿站节点效果图1

牌头服务驿站节点效果图2

设计说明

本次项目共涉及诸安线、安同线、37省道、S211诸东线、上齐线5条线。

诸安线景观设计范围为K2+800-K20+394，全长17.594公里；安同线设计起点连接杭金线，终点接同山镇，全长5.772公里；37省道设计起点善溪大桥东，终点位于诸安线，全长4.894公里；S211诸东线设计起点位于诸永高速陈宅出口，终点位于陈宅镇，全长1.752公里；上齐线设计起点位于璜八线，终点连接下马宅，全长2.025公里。设计内容为道路中分带、道路两侧绿化带、交叉口节点设计、沿线立面及挡墙改造、附属设施改造，总投资额约1.6亿。

本项目原场地已有绿化景观，由于养护管理不到位，绿化较乱、有部分枯死，道路两侧建筑围墙及建筑立面多样，部分裸露及破损。借由美丽公路建设之机，结合道路提升，统一设计。

设计目标：亮节点、提品质、宜休闲、保安全。

本项目以人的尺度为原则，建立人性化的道路界面；沿道创造公园式景观步行空间；以可持续性发展为目标，建立一个可控的雨水调节系统；采用生态化设计，着重利用原有树种及挖掘本土物种，形成独具特点的乡土植物展示带。

长潭街环岛节点效果图

长潭街环岛节点效果图

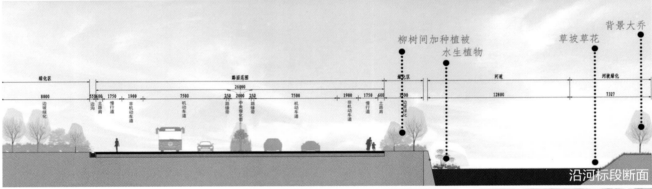

柳树间加种植被
水生植物
草坡草花
背景大乔

绿化区　　　　　　　　　路面范围　　　　　　　　　　绿化区　　河道　　　河坡绿化

沿河标段断面

道路景观效果图

边侧绿化效果图

加植云南黄馨

垂挂花箱

路面范围

26000

1500 500 600 1750 1900 7500 250 2000 250 7500 1900 1750 600 500 1500

落实台 边沟 土路肩 慢行道 非机动车道 机动车道 路缘带 中央绿化带 路缘带 机动车道 非机动车道 慢行道 土路肩 边沟 落实台

预留排水

加植爬山虎

砌墙覆土

路堑挡墙标段断面

沿河标段效果图

第八届艾景奖国际景观设计大奖获奖作品

THE 8TH IDEA-KING COLLECTION BOOK OF AWARDED WORKS

台山市县前路至台山一中环境综合整治工程

COMPREHENSIVE ENVIRONMENTAL IMPROVEMENT PROJECT FROM XIANQIAN ROAD TO NO.1 MIDDLE SCHOOL OF TAISHAN CITY

设计单位：广州市思哲设计院有限公司　主创姓名：罗泽权　成员姓名：黄一川、朱晓丽、郭昭桦、许宝琦
设计时间：2017年　建成时间：2018年　项目地点：台山市县城路、城东路、石化路　项目类别：城市公共空间

设计说明

　　台山，又称为台城，素有"中国第一侨乡"之美誉。这座被誉为"小广州"的城市，碉楼、骑楼遍布城乡，在饱经风雨沧桑后，却依然闪烁着特有的魅力，吸引着世人的目光。

　　项目改造范围是县前路、城东路、石化路，路段呈东西走向，与多条纵向道路接壤，总长度800米。本次规划遵循宜人、绿色、智慧、文化、景观、艺术六个设计总则。立足于重现台山老城的辉煌，将消除片区安全隐患、改善人居环境、提升商业价值、彰显历史特色作为总体规划目标，从建筑立面整治提升、街道全要素品质化提升两大方面入手，打造一个集休闲、购物、观光、生活为一体，历史文化资源保护与城市建设共同协调发展的台山风情休闲历史街区，实现台城风情慢生活。

实景图　　　　　　　　　　　　　　　　　　　　　　　　　　　实景图

效果图

实景图

实景图

实景图

总鸟瞰图

皇厝山闽南小镇规划

HUANGCUO MOUNTAIN MINNAN TOWN PLANNING

设计单位：厦门鲁班环境艺术工程股份有限公司　　主创姓名：何泽宇　　成员姓名：陈燕娥、陈小忠
设计时间：2016年　　项目地点：福建省泉州市惠安县辋川镇西侧　　项目规模：2552亩　　项目类别：城市公共空间
委托单位：福建省泉州市碧煌经贸有限公司

总平面图

主入口鸟瞰图

牌坊效果图

设计说明

设计主题：

融闽南文化　打造风情小镇胜地
聚山水灵气　构筑高档居住社区

规划原则：

设计突出以人为核心的原则，注意处理好自然环境与商业氛围的关系，重视城市自然、人文特色的动态延续性。小区规划努力适应当地自然环境、历史文脉及居住生活模式，规划上尽量体现21世纪的居住理念。

总体规划：

闽南风情小镇打造生态居住、生态旅游、休闲度假、生态农业示范为一体的基地，具有高水平的经济效益、生态效益和社会效益的综合园区。总平面根据功能要求划分为11个区域：

（1）商业区
（2）住宅区
（3）教育园区
（4）游乐场
（5）养老院
（6）农业观光园
（7）生态水库
（8）南音会所及宾馆
（9）庙/祠堂/管理中心
（10）大型停车场
（11）高尔夫练习场

商业街局部鸟瞰图

商业街夜景鸟瞰图

盘龙柱　旱喷　　布袋戏群雕　高甲戏群雕　南音群雕　闽南戏曲园景墙　陈鸣夏"提督穿龙衣"故事群雕　陈睿"参政披黄甲"故事群雕　石牌坊　陈睿、陈炜、陈鸣夏"三奇"雕塑

貔貅

四面观音雕塑

休闲座椅　　　　　　　　　正月十八游大鼓群雕　陈炜"知州戴翘匙"故事群雕　盘龙雕塑

叠水瀑布

商业街局部平面图

节点效果图（四面观音）

节点效果图（高甲戏）

商业街A-A剖面图

节点效果图（闽南戏曲园）

项目鸟瞰图

江西省乐平市瑶族特色村EPC项目

EPC PROJECT DESIGN OF YAO VILLAGE IN LEPING JIANGXI

设计单位：浙江诚邦园林规划设计院有限公司　　主创姓名：韩赫　　成员姓名：方睿、潘欢、刘蛟、郑贵贤、宋芸、郑燕凌、李双挺、胡雄辉、张飞飞、
钟杨阳、方庆除　　设计时间：2017年11月　　项目地点：江西省乐平市涌口镇瑶冲村　　项目规模：约70亩　　项目类别：美丽乡村环境设计
委托单位：乐平市涌口镇人民政府

景观改造

景观改造

景观改造

设计说明

　　乐平境内虎山茫茫林海，乐安河拍岸抱山，壁岩夹江屹立，花果山果实累累，景致迷人。未来打造完成瑶冲民族特色风情小镇将依托虎山与隔江相望的泪滩饶姚祠与泪滩双月景区形成串联，在大区域旅游专线上将北通洪岩仙境景区、南接怪石林景区打造成位于南北景观区域衔接的中心节点。在乐平市四大旅游片区中未来要成为南部片区的核心人文旅游新亮点。

　　按照创意农业的思路、村前荒芜的农田必须要进行景观艺术化处理，通过设计将荒芜的田地在秋冬季节改造成景观花田，在春夏季水量丰满时则可以将水田蓄水成湖，在不同的季节展示出不同的乡野景观。

　　景观设计以突出瑶家民族文化为立足点，在瑶冲民族村核心区域结合基地地形地势和瑶族特色文化，从自然和民族特色的角度入手，有机更新了村落空间形态。构建以瑶族鼓楼、盘王广场、瑶家溪泉为主体的三大景观亮点。另外位于塘头瑶冲中心村处的古戏台广场节点，也是本项目规划的重要节点之一，它既是瑶冲核心区的外围集散地，也是古戏台文化的标志构筑物。

　　经过实地调研发现村落位于山谷地，建筑都是连线成排建造；缺少空间上的变化性，旅游景观性质较差，而且作为少数民族瑶族特色村，缺少典型的瑶家地标性建筑，全村建筑缺少主景观节点和特色亮点；因此设计提出了借助山势建造一座瑶族鼓楼，在瑶族，鼓楼作为瑶家人的风水塔和社会功能的公共构筑物，是瑶族团结吉祥的象征和兴旺发达的必要标志。在瑶冲村的建筑设计中，瑶族鼓楼既可以突出瑶家风情又是未来整个瑶家村落旅游的主要项目节点，甚至是未来瑶族舞剧的主要背景。除瑶族鼓楼控制整个核心区域的景观气势外，位于中心区域的盘王广场是民族民俗活动的中心，广场以老青石板进行铺装，凸显瑶族特色的盘王大印以石材碎拼的方式设计在广场中心，在广场周边有瑶家特色的牌楼构筑彰显瑶寨气势。每逢民俗节庆瑶族的篝火舞蹈便可在广场上欢跳起来，成为整个村落的集散中心。

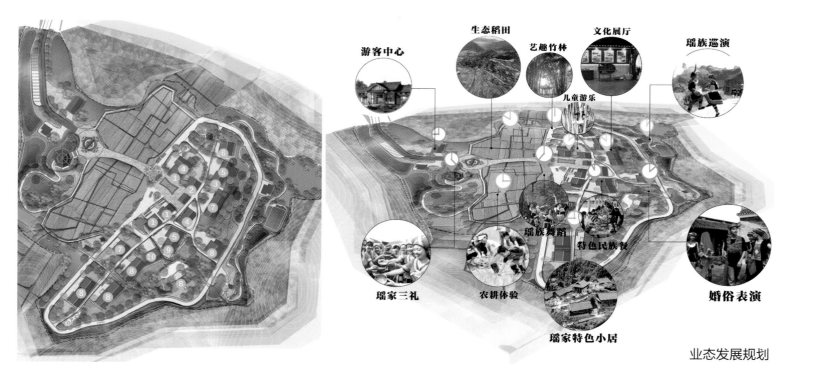

业态发展规划

景观改造

重点改造建筑

一般改造建筑

原有老建筑（修旧如旧）

观景文化亭

1
2
3
4
5

建筑改造范围

钢结构轻质挑檐

瑶族特色文化墙绘

瑶族

装饰性架空连廊

建筑改造

建筑改造

建筑改造

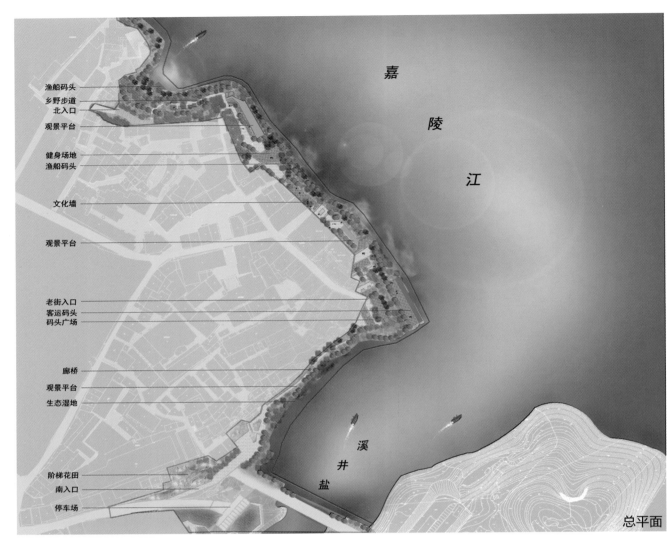

渔船码头
乡野步道
北入口
观景平台

健身场地
渔船码头

文化墙

观景平台

老街入口
客运码头
码头广场

廊桥
观景平台
生态湿地

阶梯花田
南入口

停车场

嘉
陵
江

溪
井
盐

总平面

合川盐井场镇沿江景观改造

LANDSCAPE RECONSTRUCTION ALONG THE RIVER IN YANJINGCHANG TOWN HECHUAN

设计单位：重庆原创规划设计有限公司   主创姓名：陈绪造   成员姓名：姜晓霞、王春艳
设计时间：2018年1月   项目地点：重庆市合川区盐井场镇   项目规模：8600平方米   项目类别：城市公共空间
委托单位：重庆江城水务有限公司

效果图

效果图

效果图

设计说明

　　该项目场地位于重庆市合川区盐井场镇老街临嘉陵江边，九峰山脚下，草街航电枢纽蓄水后，面临10年洪水位，对临江建筑基础有影响的建筑给予拆除，居民早已迁走，并在此后一段时间被闲置下来，无法与城镇居民相融合，也不知道如何处理，由于老城镇的部分休闲功能不足，利用其废弃场地，通过在该场地进行更新改造，修补城镇功能，为老城镇注入新的活力。

　　该项目地块背面皆为老城镇街区、老旧居民区，长565米，面积18600平方米，场地地势高差较大，场地为大量拆迁建筑垃圾，外运不便。

　　该项目的设计理念，源于废弃材料在设计实践中的利用，由于大量的建筑废料不能外运，同时也为了减少对环境的破坏，通过石笼、墙砌等多种形式就地消化，得到重新地使用，又像孕育出的生命一样给这座小城镇带来新的生机，即"重生"。

　　设计从沿江整体出发，通过场地的改造建设，修补了小城镇缺失的许多功能，提升了乡镇的环境品质，营造出了小镇和谐景象，与背景山体形成了美丽山水景色，重构了城镇与自然的共生关系，让盐井小镇充满了生机与活力。

　　该项目对建筑废料的利用，废墟材料利用率达到36%左右，通过老旧材料、文化遗存、老街巷的相互融合，让文化传承得到重现，这种方式也是未来乡村建设不可缺少的东西。

效果图

杨陵城市公共卫生间

DESIGN OF YANG LING PUBLIC TOILET

设计单位：西安道田景观规划设计有限公司　主创姓名：李栋军、左臣　成员姓名：王亚峰、牛钰、王特
设计时间：2017年6月　项目地点：西安杨凌　项目规模：141.9平方米　项目类别：城市公共空间
委托单位：杨凌区市政管理站

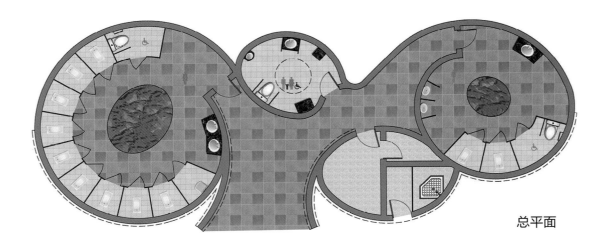

总平面

公厕室内效果图

设计说明

以"后稷文化"为文化主题，借用粮食五谷典故，年轻人稷带领女娲的五个儿子"稻、栗、麦、菽、麻"，为人们解决饥饿问题，总结出耕作经验，教人们耕作。分别运用五谷粮食特征、几何形状、丰富的外立面造型，结合杨凌城市形象，打造绿色、节能、科技、人性、智能的城市公厕。

设计原则

首先公厕的空间布局效法古典园林的处理手法，强调自然与建筑结合；营造物在园中，人在景中的意境。自然结合生态，采用围合半围合的空间手法，吸取古典建筑天井的布局，将绿色引入到空间内。

其次建筑外立面采用现代高科技结合建筑参数化设计，通过曲线建筑立面巧妙地围合出私密空间、半私密空间及开敞空间，最大限度地将建筑外的绿色引入到建筑内部，同时在设计中引用"烟囱效应"热压差实现自然通风，建筑上部设排风口可将污浊的热空气从室内排出，室外新鲜的冷空气则从建筑底部被吸入。

效果图

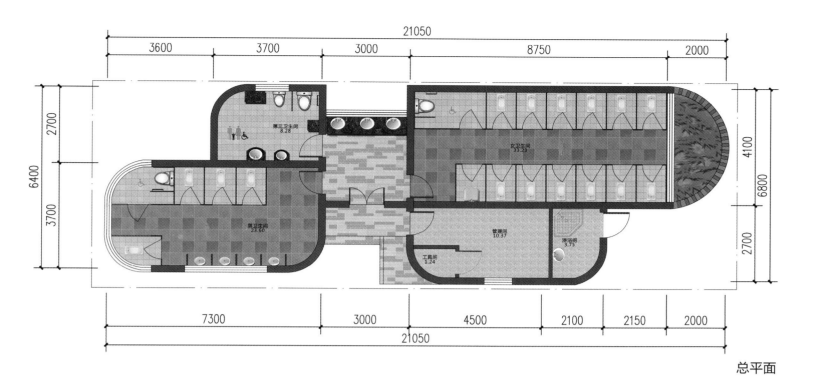

总平面

效果图

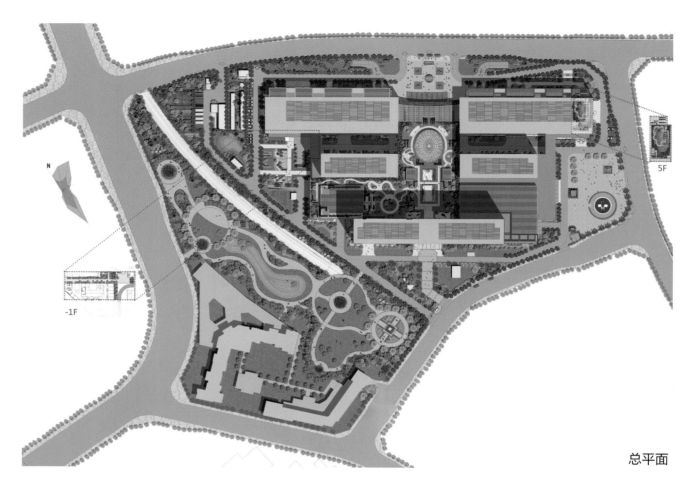

N

-1F

5F

总平面

贵州妇女儿童国际医院园林绿化景观设计

LANDSCAPE DESIGN OF GUIZHOU WOMEN AND CHILDREN INTERNATIONAL HOSPITAL

设计单位：深圳市国艺园林建设有限公司　　主创姓名：马冲　　成员姓名：卢翔、张群抗、董沛钦

设计时间：2018年2月　　建成时间：在建　　项目地点：贵州贵阳　　项目规模：总占地面积79111平方米，建筑占地面积29285平方米，景观面积51961平方米，绿地率为48.6%

委托单位：贵州妇女儿童国际医院有限公司

效果图

设计说明

贵州妇女儿童国际医院园林景观面积为5.1万平方米。整体景观概念为"生命之树";整体设计遵循医院特殊性原则,一切设计以人为本,在考虑了美学的基础上,达到功能性的保证。

主入口设计为大广场,考虑到入口是人流密集区域,在设计上采用开放式,视线通透,无遮挡,达到功能上聚散人群的作用。急诊区广场设置了直升机停机坪,这也是医院特殊性要求;住院部周边为康复花园,这块区域考虑特殊使用者,创造一个安静优雅的园林环境,步道宽度和坡度充分体现人性化,方便病人行走。植物方面也以通透为主,以防发生意外,能有人看见,及时救助。中庭花园设计也以绿化为主,适当地做一些休闲平台,增加一些生气的同时,方便人休息、等候。

项目自我评价

景观设计师是用自己的双手去创造美的行业。选择医院园区景观这个比较特殊的作品来参赛,是想说明在关注景观视觉上美感同时,务实的人性化更为被重视。

项目经济技术指标

总占地面积79111平方米,建筑占地面积29285平方米,景观面积51961平方米,绿地率为48.6%。

效果图

效果图

效果图

效果图

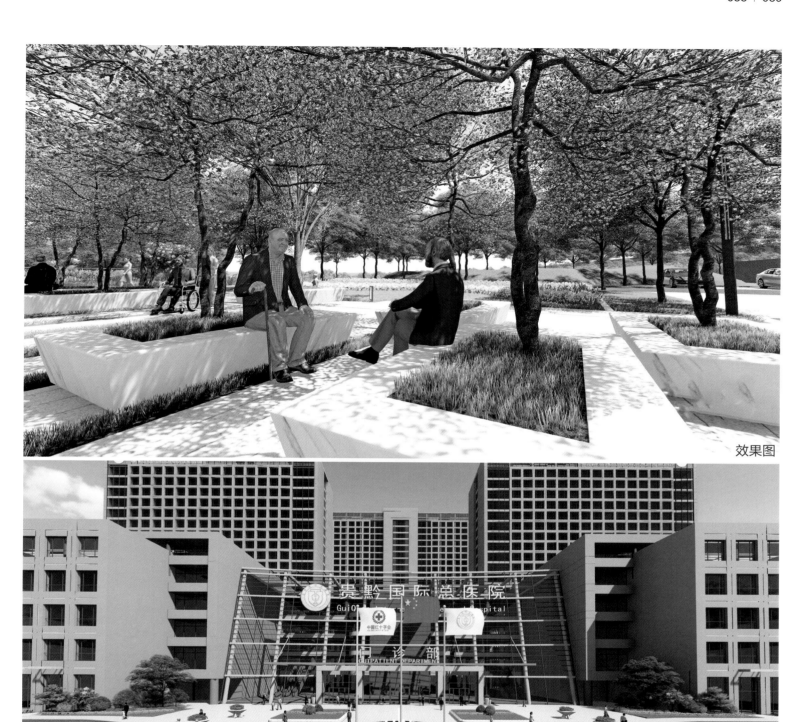

效果图

效果图

浪漫樱花带

水西村

水西福地

竹箦镇

瓦屋山

旧县迎宾

半坡游驿　吕庄水韵　姜下聚贤

旧县村

高铁瓦屋山站

总平面

通往瓦屋山的幸福之路
溧阳市乡村旅游公路绿化景观规划设计

THE ENJOYABLE PATH TO WAWU MOUNTAIN
LANDSCAPE CONCEPTUAL DESIGN OF RURAL TOURISM HIGHWAY IN LIYANG

设计单位：上海交通大学设计学院、上海亦境建筑景观有限公司　主创姓名：汤晓敏、王云　成员姓名：李增谭、黄先刚、费雨安、夏正妮、张明明
设计时间：2016年12月~2017年3月　项目地点：江苏溧阳　项目规模：40公顷　项目类别：城市公共空间
委托单位：溧阳市交通建设发展有限公司

效果图

实景图

实景图

实景图

设计说明

  溧阳作为山水旅游城市，已成为长三角地区一个响亮的品牌。在"乡村振兴战略"的时代背景下，为进一步挖掘溧阳山水田园、自然风光，推动全域旅游发展，溧阳市政府提出了"自在驾行、畅游溧阳"的乡村旅游口号。规划完善建设乡村旅游公路网对全市乡村旅游战略意义重大，连接、连通各景区各路网，更好、更便捷地服务好游客至关重要，做到真正能让游客穿行于溧阳美丽乡村、留恋于溧阳的美丽乡情。

  规划设计以"通往瓦屋山的幸福之路"为愿景，通过对基地的功能提档、特色塑造、景观提升三个策略的提出，利用旅游大道周边的特色景观资源，以借景、透景等手法做到环境与景观的自然融合，增加旅游道路的多重体验，增强旅游道路的识别性，形成"一带·五体验·五节点·七模式"的布局结构。

  "一带"为浪漫樱花带，两侧40里浪漫樱花带，给人不一样的景观体验。设计共种植樱花约4000株，主要选择樱花常用品种约20种。"五体验"是以浪漫樱花体验、灿烂荷花体验、金色稻香体验、烂漫菜花体验、姹紫嫣红杜鹃花体验，打造"幸福之路"旅游品牌。"五节点"通过旧县迎客、水西福地、姜下聚贤、吕庄水韵、半山游驿来提升旅游道路的识别性。"七模式"指农林透景型、疏林透水型、借水造景型、村落半透型、防护隔离型、设施屏障型、林下开敞型，体现乡村旅游的视觉多样性。

实景图

第八届艾景奖国际景观设计大奖获奖作品

THE 8TH IDEA-KING COLLECTION BOOK OF AWARDED WORKS

主要技术经济指标表		
项目	数值	单位
总用地面积	24343.25	㎡
总建筑面积	83159.87	㎡
其中 地上建筑面积	53995.87	㎡
地下建筑面积	29164	㎡
容积率	2.22	
建筑密度	41.4%	
绿地率	10.9%	
机动车停车	443	辆
其中 地上大巴停车	6	辆
地下停车	437	辆

地上总建筑面积	53995.87	㎡
其中 科技馆	24374.21	㎡
档案馆	13560.54	㎡
方志馆	5634.17	㎡
党史馆	5955.21	㎡
预留馆	2888.88	㎡
四馆共享区	1582.86	㎡
地下总建筑面积	29164	㎡
其中 科技馆	7595.13	㎡
四馆共享区	2914.97	㎡
地下车库	18653.9	㎡

竖向布置图 1:500

总平面

平顶山景观设计

LANDSCAPE DESIGN OF PINGDING MOUNTAIN

设计单位：山东省建筑设计院有限公司　　主创姓名：李慧
设计时间：2018年6月　　项目地点：河南省平顶山　　项目规模：2.4万平方米　　项目类别：园区景观设计
委托单位：平顶山中房集团

屋顶花园效果图

上人屋面实景图

屋顶花园

屋顶花园设计

下沉广场设计

设计说明

平顶山四馆位于河南省平顶山市建设路与翱翔路西北角，由平顶山市中房集团委托，山东省建筑设计院有限公司进行园区景观设计。项目设计始于2018年6月。项目占地2.4万平方米。

项目所处地平顶山是国家重要的能源原材料工业基地、中国优秀旅游城市，国家卫生城市，第一批国家农业可持续发展试验示范区。境内丛林叠嶂，山峦起伏，有国家5A级石人山（尧山）风景旅游区、石漫滩国家森林公园、白龟山风景旅游区、白龟湖国家湿地公园、昭平湖风景旅游区。

该项目旨在打造多功能复合、高弹性的会展场地，形成一个以展览为核心、结合城市文化、高度融合市民生活的会展人文生态圈，故功能复合、融入生活、因地制宜为项目的三个主要愿景。

该项目主要功能分区分为：1.核心展览环：延续四馆功能，设置复合型户外场地，以满足不同展览、市民文化生活等需求。市民生活环融合民生活需求，结合场地公共绿地，打造市民生活环，打破常规单一功能，成为市民生活的重要部分。2.文化体验环：因地制宜，结合当地城市特色传统文化，提取传统文化符号，设置特色传统文化活动，形成城市文化新名片。

方案鸟瞰图

总平面

龙泉驿区美满村幸福美丽新村规划

PLANNING OF HAPPY AND BEAUTIFUL VILLAGE IN MEIMAN VILLAGE LONGQUANYI DISTRICT

设计单位：川音城市与环境艺术研究院、四川省洛克规划设计有限公司　　主创姓名：田勇　　成员姓名：范颖、吴歆怡、赵亮
设计时间：2016年6月　　项目地点：成都市龙泉驿区山泉镇美满村　　项目规模：5.99平方公里　　项目类别：旅游区规划
委托单位：龙泉驿区人民政府

效果图

效果图

效果图

设计说明

　　美满村村民主要以水果种植销售、农家乐和外出务工为主要经济来源，年收入平均2万~3万，因处于浅丘、丘陵地带，现状田园资源相对较少，且农田附加值不高，美满村地处山地，内部现状林业资源丰富，生态本底较好，控制质量好。

　　产业问题是美满村需要解决的长期问题，而改善乡村人居环境、提高村民生活品质，促进一三产联动发展则是我们本次规划设计的重点。以乡村为景，景村共建，以景区为纽带，以村庄为亮点，差异化定位，高起点改造，深层次开发，打造具备独立接待能力且旅游功能互补的特色村庄，村庄景区化，把美满村打造成为令人惊艳的室外仙境。统一风貌，让美满村村民是一种让人羡慕的生活方式，资源整合，扩大吸引，去美满村就是旅游新时尚。

效果图

2011艾景奖 since

第八届艾景奖国际景观设计大奖获奖作品

THE 8TH IDEA-KING COLLECTION BOOK OF AWARDED WORKS

① 杂交水稻研究中心	⑦ 生活服务中心	⑬ 五彩花卉区	⑲ 稻田精品民宿
② 接待展示中心	⑧ 稻蒜主题观光体验基地	⑭ 高标准农田	⑳ 农产品生态餐厅
③ 主题公园旅游服务中心	⑨ 生态农业研发单元	⑮ 共享中心	㉑ 养生农庄
④ 稻香餐厅	⑩ 农产品研发基地	⑯ 生活配套服务	㉒ 竹林生活馆
⑤ 滨水精品民宿	⑪ 研学旅游体验基地	⑰ 农产品工坊	
⑥ 滨水休闲养生基地	⑫ 林间会所	⑱ 高端研发基地	

总平面

硅谷稻香—国际杂交水稻农业主题公园规划

SILICON VALLEY.RICE TOWNSHIP-INTERNATIONAL HYBRID RICE AGRICULTURE THEME PARK PLANNING

设计单位：四川大学工程设计研究院有限公司　　主创姓名：陈岚　　成员姓名：陈春华、闫雯霞、文书睿、李雄
设计时间：2017年11月　　项目地点：成都市郫都区德源镇　　项目规模：1900亩　　项目类别：旅游区规划
委托单位：成都市郫都区统筹城乡发展工作局

总体鸟瞰图

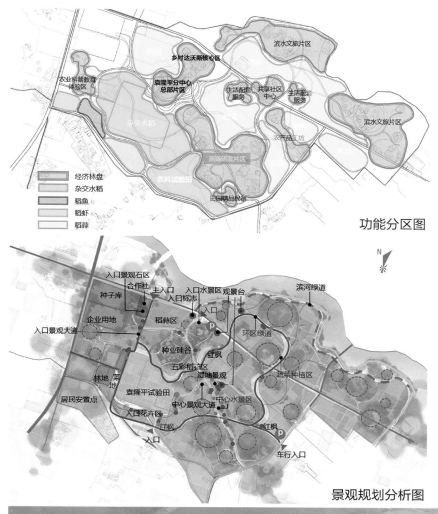

功能分区图

经济林盘
杂交水稻
稻鱼
稻虾
稻蒜

景观规划分析图

入口景观石区
合作社
种子库
企业用地
入口景观大道
种业硅谷
五彩稻花区
林地 菜地
袁隆平试验田
居民安置点
入口花卉区
红枫
入口
稻蒜区
钤枫
湿地景观
中心景观大道
中心水景区
入口标志
入口水景观区
观景台
环区绿道
蔬菜种植区
滨河绿道
红枫
车行入口

设计说明

　　德源镇地处川西平原腹心地带，位于成都市近郊，是郫都区的南大门，区域优势十分突出，清水河流贯全境，土地肥沃，水资源丰富。拥有省内外闻名的万亩"红七星"优质大蒜生产基地。本次规划范围选取了郫都区德源镇平城村与东林村范围内的26个林盘及周边农田（约1900亩用地）结合郫都区申遗工作，打造了集川西民居、特色林盘、农耕文化、农业体验、高端研发、青少年科普教育、乡村生态旅游于一体的农业主题产业园区。

　　本次规划以共享社区的理念，将申请世界文化遗产与水稻文化、休闲文化相结合。充分利用原有道路进行低碳交通出行，将分散布置的林盘聚落串联起来，通过线上线下的培训、科普教育、民宿观光等构建了文化休憩网络。通过生态修复，进行水系、植被的梳理与修复以及雨污水的收集排放，形成生态循环网络。通过林盘建筑的修缮、环境的治理，并植入现代产业功能，进行林盘的保护更新。通过"整田、护林、理水、改院"希望创造出功能完善、舒适宜居、农旅一体化的高科技农业主题公园与乡村聚落群，构建共享、创新的新时代林盘生活模式。在遵循乡村渠系的自然运行规律，保护农田与川西乡村聚落群的生态环境，构建丰富多样的农业主题公园环境。

农业硅谷鸟瞰图

稻梦空间专家大院效果图

方 案 构 思

稻蒜　生长的枝叶与稻穗

林盘　丰硕的米粒与果实　　大地景观

科创　物质和精神文明的进步

果实　功能节点——林盘建筑

主干　快速通行——环形大道

枝芽　慢行网络——立体廊架

根茎　互联互通——共融水系

方案构思分析图

湿地景观透视图

杂交水稻展览馆效果图

会展区效果图

稻田景观效果图

THE 8TH IDEA-KING COLLECTION BOOK OF AWARDED WORKS

第八届艾景奖国际景观设计大奖获奖作品

驴宝宝的七彩田园

周末旅游+体验型农场为一体的休闲娱乐式农场

ENVIROMENTAL EDUCATION + CHILDREN PLAY PARENT+CHILD TRAVE+PET INTERACTION

效果图

效果图

效果图

Donkey baby colorful

DeSign

效果图

设计说明

　　将休闲玩乐和游览观赏充分结合，既有五谷丰登区主要以怀旧型的休闲活动为主，儿童滑滑梯、旋转秋千、儿童沙坑等活动为主，体现休闲怀旧式的活动场景，塑造场景式体验感。又有花海景观区，以微地形花海景观为主，以红橙黄百日菊、天鹅绒紫薇等花卉为主，中部穿插花海教堂及花海风车，塑造浪漫的场景氛围。此外在驴妈妈的厨房还可以品尝到共享大棚的当季天然蔬菜，既新鲜美味，又营养健康。不仅如此还引进全国的特色小吃，让两城吃货与美食达人玩得开心更吃得开心！

效果图

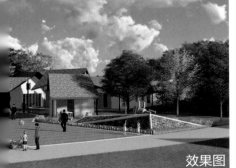

效果图

IDEA-KING
since
2011艾景奖®

第八届艾景奖国际景观设计大奖获奖作品

THE 8TH IDEA-KING COLLECTION BOOK OF AWARDED WORKS

总平面图

郑州楚河汉界"鸿天下"

ZHENZHOU CHU RIVER HAN BORDER (HEROIC WORLD)

设计单位：常州恐龙园文化旅游规划设计有限公司　主创姓名：尤挺　成员姓名：余冬、郭艳芳
设计时间：2017年3月　项目地点：郑州荥阳　项目规模：2456亩　项目类别：旅游区规划

总鸟瞰图

设计说明

　　郑州楚河汉界"鸿天下"项目位于黄河南岸，东邻楚汉分界古战场，全国重点文物保护单位—荥阳鸿沟。本项目以楚河汉界原址为切入点，结合当地黄河、丘壑、山林等自然资源，深挖楚、汉、禅、道、俗等人文资源，重点围绕英雄文化、三皇文化及昭成文化展开研究，实现楚汉风韵的活化，英雄古城的再现。本项目通过对英雄六意"仁义礼智信勇"的提炼，以鸿沟为界，形成以楚汉为主题的"六关六场，六关六貌"。其中朱礼关、丹仁关、赤智关为英雄古城汉城三大故事分区；玄勇关、青义关、墨信关为英雄古城楚城的三大故事分区。在空间形态上，项目呈现出双城六关与核心产品—核九驿的组合模式，其中一核为中华群英殿，九驿分别为安邦驿、昭成驿、大风驿、汉界驿、石门驿、楚河驿、拔山驿、虞姬驿、敖仓驿。在此基础上，本项目结合五德五行对文化进行建筑转化落地，并充分结合现场沟壑纵横的地形地貌，实现独特的建筑风貌及文化特性。

中华群英殿效果图

朱礼关内部街道效果图

第八届艾景奖国际景观设计大奖获奖作品

THE 8TH IDEA-KING COLLECTION BOOK OF AWARDED WORKS

朱礼关效果图

丹仁关效果图

赤智关效果图

玄勇关效果图

墨信关效果图

青义关效果图

总平面

三道堰青塔村刘家院子林盘示范节点规划设计

SAN DAO YAN QING TA CUN LIU JIA COURTYARD LIN PAN DEMONSTRATION POINT PLANNING AND DESIGN

设计单位：四川大学工程设计研究院有限公司　　主创姓名：陈岚、陈春华　　成员姓名：田力引、牟元鑿、郭星辰

设计时间：2017年10月　　项目地点：成都市郫都区三道堰镇青塔村　　项目规模：137663.33平方米　　项目类别：旅游区规划

委托单位：成都市郫都区统筹城乡发展工作局

林盘精品民宿效果图

院落景观效果图

小型湿地景观效果图

设计说明

　　三道堰青塔村刘家院子位于成都市郫都区三道堰镇，属于全球重要农业文化申遗工作核心区，紧邻徐堰河，距离成都市第二绕城高速1170米，地理区位优越。

　　本次项目规划范围为青塔村刘家院子林盘聚落及其周边区域，林盘面积约5亩，周边大田约200亩。规划在乡村振兴战略的背景下，结合郫都区申遗工作，对院落进行了川西林盘保护修护与设计、林盘环境整治、建筑风貌提升改造、大田景观梳理等规划设计。

　　规划以"整田、护林、理水、改院"为理念打造宜居、宜业、宜游的新时代林盘聚落。规划以非遗农耕文化为主题，结合生态休闲居住体验，打造生态与旅游、稻作与文创并置模式，实现人与自然的和谐共生，体现时代感、地域感、可持续性。此次规划功能布局合理，交通流线组织顺畅，与周边设施及环境相协调；在规划设计中结合林盘自身特点进行了考虑，结合周边文化、产业等因素，满足生态保护相关要求；规划结合产业发展和新村建设，对林盘内外道路系统、沟渠、基础设施配套进行了统筹考虑；规划保留林盘聚落的竹林风貌，对其环境进行了梳理整治以及周边景观塑造；对林盘建筑的风貌、布局、功能等进行了改造、优化和提升设计。

林盘整体效果图

乡村客厅效果图

滨水活动区效果图

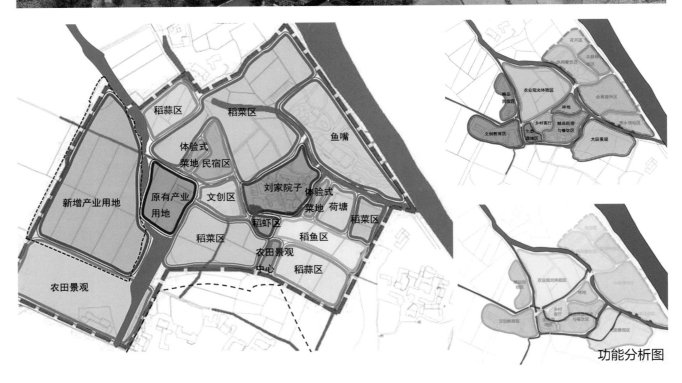

功能分析图

乡村文化体验馆效果图

林盘立面效果图

乡村客厅内部效果图

总平面

海南银泰温泉项目

HAINAN PROVINCE YINTAI HOT SPRING PROJECT

设计单位：广州市悉迪景观规划设计有限责任公司   主创姓名：陈嘉禄   成员姓名：胡楚华、陈婷婷

设计时间：2017年9月   项目地点：海南省陵水黎族自治县   项目规模：12000平方米   项目类别：生态度假酒店景观规划

委托单位：银泰集团

效果图

效果图

设计说明

　　海南银泰温泉度假项目位于海南省陵水黎族自治县，由银泰集团委托，广州市悉迪景观规划设计有限责任公司进行景观规划设计。项目设计始于2017年9月，项目总平为12000平方米。

　　项目营造一个度假式的居住环境。在设计中充分利用场地高差，形成跌级式花园的设计手法，努力营造出一个步移景异、一步一景的空间体验感，并在设计中融入了海南特有的文化图腾和当地的设计元素，将其打造为更富有地域文化性和度假休闲为一体的旅游地产景观。

　　项目在设计中把握自然的脉络，尊重自然，因地制宜随自然而走，使设计富含韵律。文化也与当地水土紧密结合，文化中时刻映照着大自然的脉络，让人民感受自然的风情，体验当地的水文文化。

　　海南热带建筑与自然交融，建筑群被水所环绕，建筑与景观之间没有生硬的界限，彼此相互交融。在建筑物内就可以感受到自然的环抱，迎面铺满异域风情。

入口分区效果图

效果图

效果图

效果图

效果图

效果图

效果图

2011艾景奖®

第八届艾景奖国际景观设计大奖获奖作品

THE 8TH IDEA-KING COLLECTION BOOK OF AWARDED WORKS

鸟瞰图

多彩边境·美丽乡约

COLORFUL BORDER • BEAUTIFUL TOWNSHIP

设计单位：西藏易境旅游景观规划设计有限公司　　主创姓名：黄燕　　成员姓名：闫芳、谢冰心、向晓辉、王智强

设计时间：2018年1月　　项目地点：山南市隆子县　　项目规模：以玉麦乡为核心，涉及边境线200公里

项目类别：旅游区规划　　委托单位：西藏自治区旅游发展厅

鸟瞰图

"三人帐篷"民宿

生态环线游客服务中心

设计说明

　　玉麦美丽乡约生态旅游环线位于喜马拉雅山南麓的中印边境地区，沿线自然资源丰富多彩，有高原河谷风光、草原风光、原始森林风光；人文资源多元深厚，有玉麦精神、列麦精神、沙棘精神、珞巴民俗文化、戍边文化等，自然人文资源交相辉映。规划借势国家大力推动兴边富民行动政策背景，以边境小康村建设和边境地区旅游发展建设为契机。

　　大力推进人居环境综合整治，打造干净卫生美丽的乡村新风貌；结合乡村旅游资源，推进旅游业与高原农牧业的深度融合，拓展就业增收渠道，引导当地农牧民积极参与旅游开发，保障和改善边境地区民生，促进沿线区域经济、社会、生态和谐发展，实现人口向边境地区流动，促进边境繁荣，最终实现旅游富民、安边治边、固边强边的目标。

玉麦风情街

达瓜西热观景台

玉麦停靠点

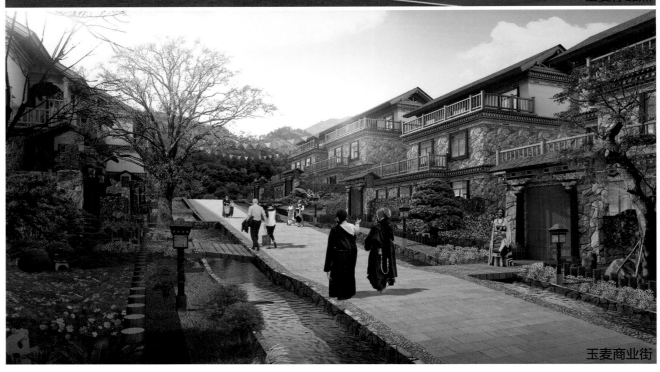

玉麦商业街

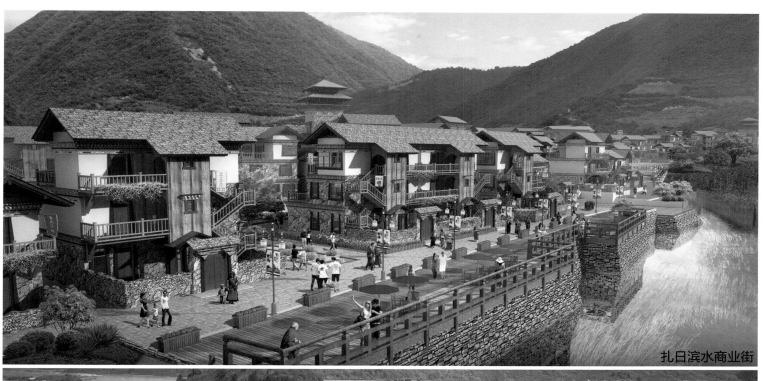

扎日滨水商业街

观景台

游客服务中心

日间鸟瞰图

神农现代农业示范园

SHENNONG MODERN AGRICULTURAL DEMONSTRATION PARK

设计单位：中国农业大学农业规划科学研究所、北京市富通环境工程有限公司　　主创姓名：白小静　　成员姓名：张天柱、王栴、孙皎皎
设计时间：2016年12月　　项目地点：河北省保定市徐水区　　项目规模：5200亩　　项目类别：休闲农业、农业生产、农业科技
委托单位：河北卓正神农大观园农业科技有限公司

夜间鸟瞰图

蔬菜标准化生产园效果图

田园迪斯尼效果图

设计说明

　　神农现代农业示范园是河北省第一家以"神农文化"为主题校地合作打造的农业文旅综合体项目，位于保定市徐水区漕河镇，距离保定市15公里，距离徐水区15公里，107国道和京广铁路西侧，区位优势明显，潜力巨大。由河北卓正神农大观园农业科技有限公司委托，中国农业大学农业规划科学研究所（北京市富通环境工程有限公司）进行园区规划设计。项目规划始于2016年，于2018年12月建成，总占地面积约346.67公顷，总投资4.3亿元。项目空间结构上形成："一带六区、一核两心多点"发展格局。建设六大主题功能区，即：思归—"别有洞天"入口综合服务区；思趣—"世外果园"四季果乐体验区；思渊—"金色年华"生态景观康养区；思齐—"未来农业"高新农业示范区；思臻—"田园乐谷"田园文旅中心区；思闲—"绿野仙踪"落叶果树盆景区。

　　规划园区通过农业文旅综合体的发展建设，实现现代农业产业发展，带动区域产业转型升级创造新的就业，提升土地价值，带动区域经济发展，繁荣农村、富裕农民；通过绿色产业发展，打造徐水美丽乡村建设名片。项目区建成投入运营后，预计达产年收入约1.1亿元，年利润约0.4亿元。

神农文化小镇效果图

IDEA-KING
since
2011艾景奖®

第八届艾景奖国际景观设计大奖获奖作品

THE 8ᵀᴴ IDEA-KING COLLECTION BOOK OF AWARDED WORKS

名人文化广场

道路断面图

入口分区效果图

景观大道效果图

酒文化广场

北大门效果图

东大门效果图

总平面

怒江西浪寨综合提升方案设计

DESIGN OF COMPREHENSIVE UPGRADE SCHEME FOR XILANG VILLAGE IN NUJIANG RIVER

设计单位：四川天筑来也建筑设计有限公司　　主创姓名：何巍　　成员姓名：吴丹、陈永攀、高煜婷、张芸芸、曾贤金
设计时间：2017年9月　　项目地点：云南省泸水市六库镇　　项目规模：2144.63亩　　项目类别：旅游区规划
委托单位：怒江投资开发集团有限公司

入口区鸟瞰图

入口景观小品效果图

新建公共厕所效果图

院落景观效果图

设计说明

  云南省怒江州泸水县西浪村是一个以傈僳族为主的自然村寨，地处中缅滇藏的结合地段。怒江从村落脚下奔流而过，山上植被茂密，环境静谧，村落保存着浓郁的原生态乡村味道。西浪村是"怒江花谷"美丽公路沿线村庄规划打造的首个"田园综合体"项目，集现代农业、休闲旅游、田园生态居住于一体，旨在打造活化乡村、归园田居的乡野生活。

  传统傈僳族极具特色的建筑，设计采用砖、石、木、竹等本土材料将傈僳族传统建筑原汁原味地呈现出来，与城市现代化建筑形成强烈的反差。设计延续村落的自然肌理按修旧如旧的方式恢复的傈族村落形态和建筑形态。

  我们在原来溜索的遗址旁，新建了游客接待中心、同心索桥以及停车场等公共设施，允许游客徒步数百米进入村庄，保持村落与外界若即若离的关系。傈僳族是一个能歌善舞的少数民族，为了弥补村民公共文化活动的缺失，在四周环境开阔的同心索桥桥头，新建同心广场形成村落的视觉焦点，作为村民集中的文化活动据点。平日提供阅览、棋牌、放映、交流等公共活动空间，也可用于召开村民大会，以此丰富村民的业余生活，增强村民的凝聚力和向心力。每逢重大节日来临，这里将吸引成千上万的游客来些观看民俗文化表演。利用现状路旁的雨水沟将溪水引流引入村子，并在道路两旁密植青翠的竹林。在晨风微露中给行走其间的人们带来一丝若有若无的鸟语花香和轻松惬意。对于现有民居院落，保护其自然分散式的村落肌理，主要对屋顶、墙体、门窗进行外立面改造，对院落景观进行小环境的营造，在山色掩映之中形成一幅美丽的田园画卷。

同心索桥效果图

同心广场效果图

公共空间效果图

沿江景观效果图

索桥桥头效果图

院落改造效果图

吊脚楼效果图

IDEA-KING
since 2011 艾景奖®

第八届艾景奖国际景观设计大奖获奖作品

THE 8TH IDEA-KING COLLECTION BOOK OF AWARDED WORKS

设计说明

　　项目位于东南亚柬埔寨境内，规划总面积约2284公顷，离首都金边市区约40公里，是我国"一带一路"工程的重要节点。"以原有次生林为基础，以谷地、森林、滨水体验为特色，打造集休闲旅游、康养度假、探险科普、文化娱乐为一体的国家级生态公园"作为本次设计的总体定位，未来将作为东南亚重要旅游新景点、柬埔寨国家生态公园示范区、金边旅游新地标、城市新名片。

　　具体设计特点有：

　　以生态修复为基础，完善基础设施，植入休闲旅游功能，融入亿利特色产业，挖掘独特项目核心IP，形成特色生态公园品牌。

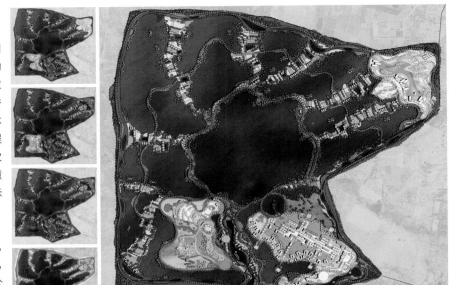

总平面

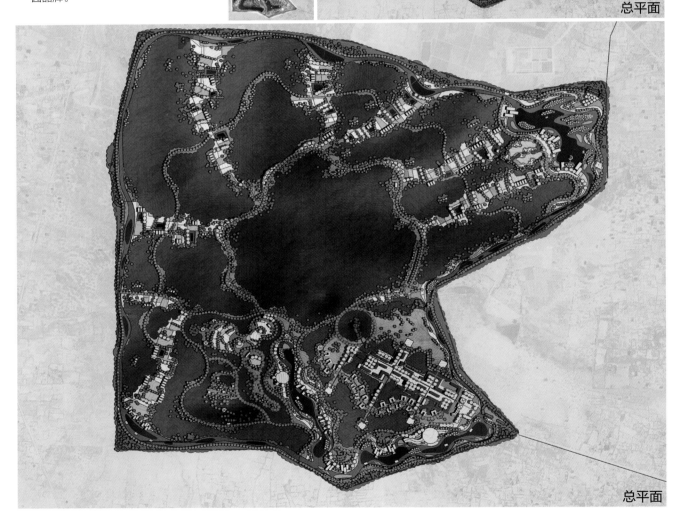

总平面

柬埔寨金边国家生态公园

PHNOM PENH NATIONAL ECOLOGICAL PARK, CAMBODIA

设计单位：亿利设计有限公司　　设计指导：叶昊　　主创姓名：刘昌林　　成员姓名：李明、李祉析、王敏敏、王大正、耿晓磊
设计时间：2018年3月　　项目地点：柬埔寨金边　　项目规模：2300公顷　　项目类别：生态公园

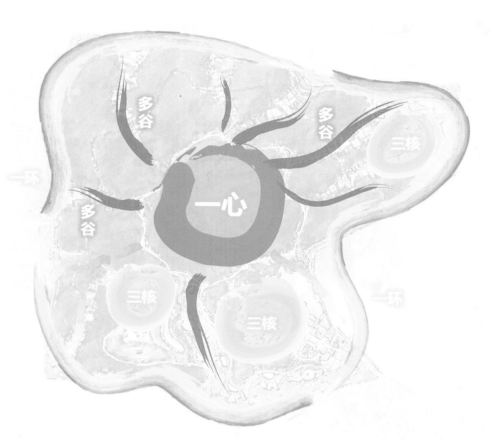

一心一环 三核多谷

森林保育区 综合服务中心
滨水环线 动物主题乐园
滨水康养园滨水

花溪谷
珍稀谷
花香谷
果香谷
药香谷

空间结构分析：基于场地现状空间分析，规划设计生态公园"一心一环 三核多谷"的空间结构

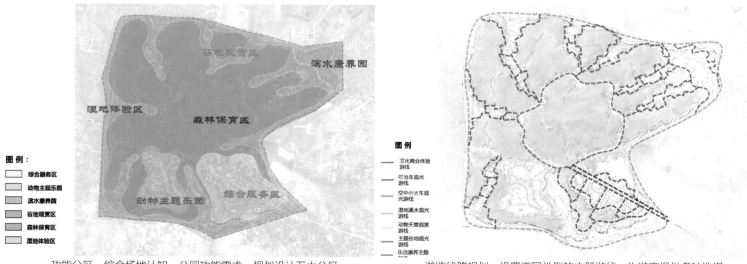

图例：
☐ 综合服务区
☐ 动物主题乐园
☐ 滨水康养园
☐ 谷地观赏区
☐ 森林保育区
☐ 湿地体验区

谷地观赏区
滨水康养园
湿地体验区
森林保育区
动物主题乐园
综合服务区

图例
—— 文化商业体验游线
—— 叮当车观光游线
—— 空中小火车观光游线
—— 湿地溪水观光游线
—— 动物天堂观赏游线
—— 主题谷地观光游线
—— 乐活康养主题

功能分区：综合场地认知、公园功能需求，规划设计五大分区　　　　　游览线路规划：设置不同类型的主题游线，为游客提供多种选择

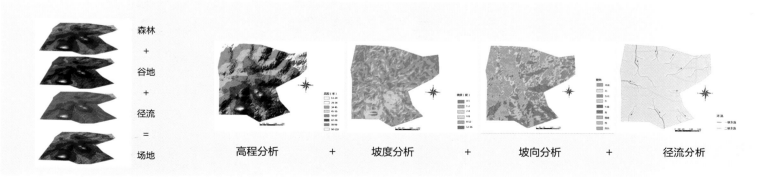

森林
+
谷地
+
径流
=
场地

高程分析　　+　　坡度分析　　+　　坡向分析　　+　　径流分析

场地分析　　　　　　　　　　　　　　　　GIS分析

市场定位

基础市场 – 金边都市圈　　　　核心市场 – 柬埔寨国内

拓展市场 – 东南亚及中国游客　　机会市场 – 欧美国家

客户分析

引擎客户	本地人群	亲子游
		自驾游
		休闲游
核心客户	本地贵族	高端会所
		商务洽谈
		康养休闲
专项客户	国外游客	观光游
		异域游
		康养度假游

以原有次生林为基础
以谷地、森林、滨水体验为特色
打造集休闲旅游、康养度假、探险科普、文化娱乐为一体的
国家级生态公园

主题策划

综合服务中心策划思路：综合性服务的场所，包含特色小镇、中国美食街、东南亚商业街、景观酒店、特色工坊等项目。

谷地观赏区策划思路：根据场地环境，每一个谷地形成一个相对独立的空间，观赏性的同时满足嗅觉、触觉与猎奇的心理。

森林保育区策划思路：以生态保育为主旨，适当在空出场地开发旅游项目，主打户外拓展项目。

动物主题乐园策划思路：由动物森林、丛林秘境、快乐鸟语林、探险岛、东南亚风情园、动物博览园等组成的动物王国。

滨水康养园策划思路：沿着水系设计高端康养社区、滨水酒店、滨水科普基地、高尔夫球场，为游客提供高端优质的服务。

总平面

台格斗美丽乡村方案设计

DESIGN OF BEAUTIFUL COUNTRYSIDE SCHEME FOR TAIGEDOU

设计单位：内蒙古蒙树景观规划设计艺术有限公司　　主创姓名：樊宇　　成员姓名：霍艳敏、付雅利、谷博龙、李轩栋、王强
设计时间：2018年5月　　项目地点：呼和浩特市和林格尔县　　项目规模：109.8亩　　项目类别：旅游区规划
委托单位：和林格尔县盛乐经济园区农业产业发展局

儿童活动区效果图

湿地景观效果图

中心水域效果图

设计说明

台格斗村位于内蒙古自治区呼和浩特市和林格尔县，由和林格尔县盛乐经济园区农业产业发展局委托，内蒙古蒙树景观规划设计艺术有限公司进行景观方案设计。项目设计始于2018年5月，于2018.09建成。项目占地109.8亩，绿化面积88.34亩，硬化面积21.46亩，绿化率80.4%。

旅游区以内蒙古当地文化、特色为主题，对当前乡村旅游及发展，乡村文化的保护与弘扬，乡村经济的带动发挥着重要的指导意义。政府的扶持与城市人口的带动，使乡村有广阔的发展前景。生态、文化、经济的相融合演变成如今的特色现代化乡村。

和林格尔县台格斗村，蒙古语"台格斗"意为猎狗，山坡上是树龄两百多年的古杏林，春天杏花满坡，早秋硕果累累。全村超过三分之一的女性传承着有百年历史的剪纸、刺绣、面塑手艺，农家乐旅游成为全村的支柱产业。

整个旅游区由林下魅影、曲水流芳、窑洞体验、柳岸河清、民宿新韵、田园烂漫、汽车露营、春华秋实共八个景观区块组成，一路下来可以感受到不一样的乡村景观，在这里可以深刻感受到陶渊明所向往的田园生活。

随着社会的发展，村旅游已成为人们回归自然、放逸身心、感受自然野趣、体验农村生活、进行休闲娱乐的主要方式之一。根据台格斗乡村的现状，结合场地现有的自然景观条件，针对整个台格斗乡村进行整体规划与改造更新。充分体现"原始——发展——演绎"这一理念，实现生态的发展、文化的保护与传承、经济的带动，结合内蒙古民族历史文化，弘扬民族精神，打造集生态、人文、休闲、娱乐与一体的现代特色乡村。

鸟瞰图

水坝景观效果图

烧烤区效果图

窑洞体验区效果图

跌水景观效果图

项目自我评价

如何让人城市里的人回到乡村，成了乡村振兴的核心问题。随着城市环境的恶化，城市人口"避雾霾、避酷暑、避忙碌"的需求，对乡村来说有着天然优势。

因此乡村田园环境，是康养产业发展的最佳地。

田园康养的三大类型：

养心——休闲养生农业应提供科普教育相关旅游产品，寓教于乐。

养生——休闲养生农业旅途可以提供农业生产、农事体验、节事参与等旅游产品，使游客了解农业、农村和农民。

养老——通过休闲养生农业旅游，可以体验耕作、收获的快乐。

保持乡村原有的文化肌理以及景观风貌和原真性，保护好乡村旅游的本底基础。将对文化的理解融入乡村旅游开发中，通过人文活动、村落风貌、室内陈设、基础设施、旅游产品等方面的旅游要素，全面阐释和呼应当地文化，使乡村更具特色和生命力。

乡村旅游已成为当今世界性的潮流。不仅要开发乡村旅游，还应彻底融入乡土风情，守护乡村的环境文脉和灵魂。乡土性的返璞归真，是乡村旅游的回归之路，看似匮乏实则丰富的乡村旅游资源需要匠心独运的开发。一段溪流、一座断桥、一棵古树、一处老宅、一块残碑都有诉说不尽的故事……

民宿新韵效果图

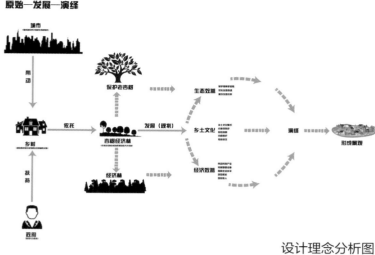

原始—发展—演绎

设计理念分析图

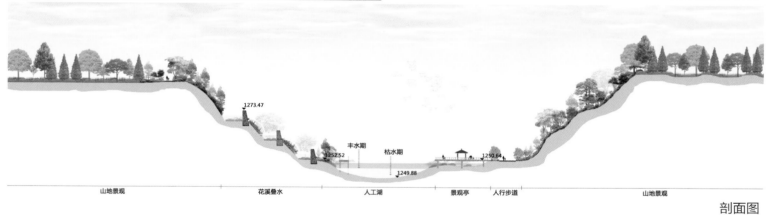

剖面图

山地景观　　　　　　　　花溪叠水　　　　　　人工湖　　　　景观亭　人行步道　　　　　　　山地景观

林下魅影效果图

THE 8TH IDEA-KING COLLECTION BOOK OF AWARDED WORKS

第八届艾景奖国际景观设计大奖获奖作品

"白龙溪谷田园休闲绿廊"

一水、三村、五庄园、七节点

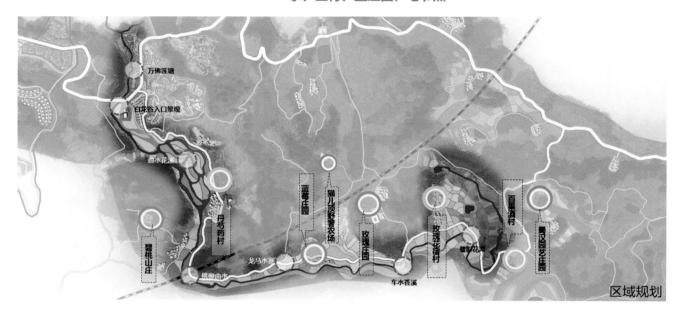

区域规划

四川省罗江区万佛寺—蟠龙镇—凯江大回湾乡村旅游带旅游开发规划

THE TOURISM DEVELOPMENT PLANNING OF THE RURAL TOURISM BELT SHAPE IN WANFO TEMPLE-PANLONG TOWN-KAIJIANG BAY OF LUOJIANG COUNTY, SICHUAN PROVINCE

设计单位：浙江和美风景旅游规划设计有限公司　　主创姓名：戴继洲　　成员姓名：李兴科、李东、吴敏丹、林利欢、刘文娜、胡雯露
设计时间：2018年6月　　项目地点：四川省罗江区　　项目规模：13.75平方公里　　项目类别：旅游区规划
委托单位：罗江区人民政府

鸟瞰图

效果图

效果图

设计说明

　　万佛寺-蟠龙镇-凯江大回湾地处成德绵经济圈，不仅是德阳市白马关文化旅游辐射区，更是德阳国际健康谷北部生态绿廊、大成都近郊旅游目的地。"浅丘起伏，果林密布，田园秀美，水湾旖旎"的乡村生态基底，浓厚的蜀韵乡土文化，为打造"中国人心中的理想乡村"奠定了基础。

　　规划通过"农旅融合的产业升级、蜀地新中式的家园改造、蜀韵乡土的文化复兴、现代服务的设施完善、休闲旅居的环境营造"来恢复"田人合一的自然经济"，传承悠远的中华民族文化，营造"诗画田园的乡村生活"。以三国蜀汉文化挖掘来复兴乡土文化，以"农业+"手段升级现状传统农业，以蜀汉风韵的新中式乡村建筑景观改善人居风貌，以主客共享的公共服务设施完善生活条件，并通过建设乡村风景道、自驾营地，发展休闲农业、乡村民宿、乡村创客、互联网农业、亲子游乐等业态，来盘活万佛寺-蟠龙镇-凯江大回湾一带的乡村的"人、地、产、居与文化"，从而构建"宜居宜游宜业"的"汉韵蜀乡，百里画廊"。

　　其中广济桥至合圣村片区以"农"为脉，发展"优质农业+农业休闲+乡村运动"，打造"一镇·两线·多点"，一镇即万佛寺禅心小镇；两线由南线、北线构成，南线为白龙溪谷乡村运动休闲谷、北线为有机果蔬农业乡村产业带；多点则由多个休闲村落和农场庄园组成；凯江大回湾片区以"水"为脉，发展"水乡观光+水镇夜闲"，重点打造"一镇·一湾·一营"，一镇·蟠龙镇江湾水镇夜休闲，一湾·凯江大回湾水乡画廊，一营·葫芦嘴生态露营基地，同时引导发展潺水人家乡村旅游接待基地。与此同时规划提升乡村自驾车风景道、完善配套服务设施，从而形成乡村自驾游风光带、乡村休闲度假产业带、乡村农业产业升级示范带。

效果图

效果图

效果图

效果图

效果图

效果图

效果图

效果图

效果图

行船廊架

河北栾城国家农业公园

HE BEI LUAN CHENG NATIONAL AGRICULTURAL PARK

设计单位：北京东方创美旅游景观规划设计院有限公司　　主创姓名：张亚权、李明玉、王斐　　成员姓名：孟大鹏、石宝红、赵恒宇、董国强、吴迎姬、苗利

设计时间：2017年6月　　项目地点：河北石家庄栾城区　　项目规模：0.6平方公里　　项目类别：旅游区规划

委托单位：天山万创产业集团

亲子餐厅

无限环桥

廊架景观

设计说明

　　栾城国家农业公园位于石家庄市，是栾城区试点农业供给侧改革、丰富全域旅游产业、提升并辐射栾城整体农业产业发展的重要抓手。由河北天山集团重金投入，是东方创美打造的第三代国家农业公园的代表之作。

　　项目总占地约一万亩，涵盖定制产业园区、现代农业园区、物流园区、特色小镇、农艺世界等内容。其中首发区占地900亩，是栾城国家农业公园的样板区、农旅综合发展区，致力于全面撬动栾城国家农业公园的建设与发展，定位为整个项目最具竞争力的引爆点工程。首发区种植560余亩芝樱艺术花海、创意打造中国首个原创IP级亲子童玩综合体、兼具体验和亲子双重属性的水上田园精品民宿聚落三大核心竞争力项目，形成入口服务区、芝樱艺术花海区、天赐童玩区、主题民宿区四大功能分区。

　　农业公园设计了大量原创级的田园艺术和农业景观，创意花海、观光塔、景观廊架、观景平台、建筑面积达2万平方米的室内农业公园、室内外结合的原创级亲子项目天赐童年、卡通演艺和花车巡游贯穿园区；99处婚纱摄影点、室内婚宴举办、家庭亲子聚会空间有效衔接；科技农业猎奇、精品采摘公园、家庭定制农场无不展示农业空间；精品民宿、花海帐客、亲子餐厅、互动工坊，一站式满足家庭亲子周末休闲度假需求。项目大在产业，小在市场，精在产品，是将国家政策和市场数据高度融合的创意设计全案。

　　项目结合天山集团的企业文化，按照农业公园的发展诉求，提炼并原创设计了农业公园IP代言，吉祥物——天赐。按照新时代的家庭亲子要素，设计了"天赐一家"的形象延展，自主研发全套VI、标识、导视系统，原创设计了旅游商品、亲子餐厅、卡通演艺，大到一个场馆，小到一个井盖，每一处都体现着自身的个性符号，每一处都拥有独到的田园美学。

刺猬之家

IP吉祥物 天赐一家

红高粱县衙鸟瞰图

山东高密东北乡文化旅游项目规划设计

CULTURAL TOURISM PROJECT PLANNING AND DESIGN OF NORTHEAST TOWNSHIP IN GAOMI

设计单位：北京大地风景旅游景观规划设计有限公司   主创姓名：黄晓辉   成员姓名：禹日红、王福祥、钱宏旺、李海明、聂金鑫
设计时间：2017年3月   项目地点：山东省高密市东北隅河崖镇   项目规模：51.9平方公里   项目类别：居住区环境设计
委托单位：高密市文化产业管理委员会、高密市红高粱文化投资开发有限公司

【总平面图】

图例 Legend

1 高密古城门	17 城门主题客栈	33 藏珍阁（洋行货栈）
2 解忧杂货铺（小百货店）	18 东清荷香（八景复原）	34 金城银行
3 城墙下客栈	19 曹县长名人展厅	35 赌坊
4 魁星阁	20 檀香刑影视展馆	36 西洋景影楼
5 文庙	21 城隍庙	37 烟馆
6 文昌阁	22 清风客来旅栈	38 三十里红酒家
7 通德书院	23 红色年代客栈	39 新华日报（报社）
8 高密古城门	24 晏公斋（书店）	40 宪兵警备队大院
9 集散广场	25 康城书院	41 演艺中心
10 高密人家	26 茂源钱庄	
11 高粱篦子店	27 戏台	
12 余记铁匠店	28 百乐门歌舞厅	
13 高密古城门	29 大鼓戏场	
14 高密三贤馆	30 流年钟表行	
15 高密民俗博物馆	31 拾遗轩（古玩店）	
16 古县衙正堂	32 商务印书馆（印书局）	

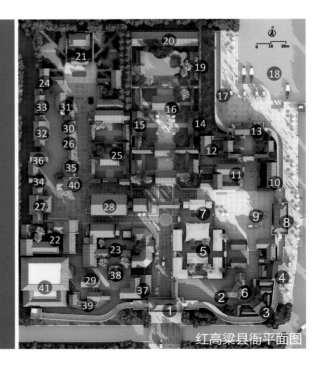

红高粱县衙平面图

红高粱主题大门效果图

红高粱主题大门实景图

设计说明

　　项目位于山东高密市莫言旧居区域，结合东北乡"美丽乡村"的建设步伐，制定了"百年中国乡村博物馆.世界文学旅游目的地"的发展愿景。项目设计"一个旧居（莫言旧居）、十大院子（胶河岸边的乡村情怀）、百种记忆（乡村生活百态、饮食百味、农耕百物、乡景百象、乡娱百趣）、千亩高粱、万米游线"五大文化旅游工程，串联东北乡的生产、生活、生态三要素，共同展示高密的乡村文化和莫言的文学文化，引领东北乡的乡村旅游发展，带动乡村的产业转型和乡村振兴。

　　项目结合五大旅游工程分别形成了红高粱形象入口及接待区、莫言旧居乡村文化体验区、青草湖乡村影视文化公园（一期：红高粱影视基地）三大乡村旅游休闲体验区。红高粱形象入口及接待区定位是展示高密红高粱文化精神，梳理片区旅游形象IP。莫言旧居乡村文化体验区的主要定位是还原莫言在大栏乡的生活场景及小说王国，成为游客励志、学习、感受高密文化的地方。而红高粱影视基地则主要致力于打造一个清末民初风格的影视基地，用于莫言小说的电影电视制作，并实现文化旅游的服务功能。青草湖乡村影视文化公园定位是打造以莫言文学文化为依托的乡村影视文化博览基地和乡村生态影视度假区，实现乡村文化体验和度假休闲的融合。

红高粱形象入口及接待区鸟瞰图

IDEA-KING
since
2011艾景奖®

第八届艾景奖国际景观设计大奖获奖作品

THE 8TH IDEA-KING COLLECTION BOOK OF AWARDED WORKS

暮鼓晨钟

梨园筑梦

稻花飘香

繁花似锦

览胜安和

万里飞虹

迎宾集贤

100
0   200   400m

图例

① 入口寨门
② 花卉大道
③ 栈道
④ 观景台
⑤ 花海
⑥ 露营地
⑦ 梨园
⑧ 民俗村
⑨ 寺庙
⑩ 览胜安和观景台
⑪ 南充之眼观景台
⑫ 花好月圆观景台
⑬ 停车场

总平面

四川省南充市顺庆区七坪寨田园综合体

IDYLLIC COMPLEX OF QIPING VILLAGE, NANCHONG, SICHUAN

设计单位：北京东方利禾景观设计有限公司
主创姓名：王冠、徐琳、安娜、任慈、杨智慧、李珊、王祎惠紫
成员姓名：韩震、魏玉凤、高宏升、高桦、韩飞
设计时间：2017年7月
建成时间：2018年2月
项目地点：四川省南充市
项目规模：300公顷
项目类别：旅游区规划
委托单位：南充市顺园建设管理有限公司

南充之眼实景图

设计说明

　　七坪寨位于南充市顺庆区，规划区域内峰峦叠嶂，大有众星拱月之势，山下村庄被袅袅炊烟萦绕。

　　七坪寨田园综合体结合七坪寨的特有产业，形成以产业为依托，以生态资源为载体，以地域文化为灵魂的乡村旅游胜地。

　　规划中提炼出七坪七景，将区域内的特色景观串联，现已打造工程建设主要包括玻璃栈道、花好月圆景观雕塑、原野之息、蜀北驿道、景区寨门等景观景点，游客中心、旅游厕所、停车场、导览导视系统等景区基础功能设施，及城区至景区主道路改造提升项目等内容。

　　该项目是顺庆推进全域旅游建设乡村旅游景观的核心景点，已成为南充又一个具有浓郁地域特色的乡村旅游胜地。项目建成后，七坪寨被评为"2017年四川省旅游扶贫示范村"。

实景鸟瞰图

鸟瞰效果图

生态修复　　农业升级　　文化挖掘

复兴生态环境　　循环农业经济　　重塑黄河文化

智慧农业示范区　　美丽乡村示范区

万亩果园　　黄河古镇　　梦幻童话村

徐州古黄河旅游度假区总体分区图

时光故里·徐州古黄河旅游度假区规划设计

XUZHOU ANCIENT YELLOW RIVER TOURISM RESORT PLANNING & SCHEMATIC DESIGN

设计单位：深圳市铁汉生态环境股份有限公司　　主创姓名：刘科、张颖　　方案指导：何锦秀、熊乃威、曾翔

设计团队：曹真、Marc Ginestet、许君君、金艳、费腾、贾逸飞、朱静文、方碧莲、李琛璐

设计时间：2018年1月～7月　　项目地点：江苏徐州　　项目规模：35平方公里　　项目类别：旅游区规划　　委托单位：江苏省徐州市睢宁县政府

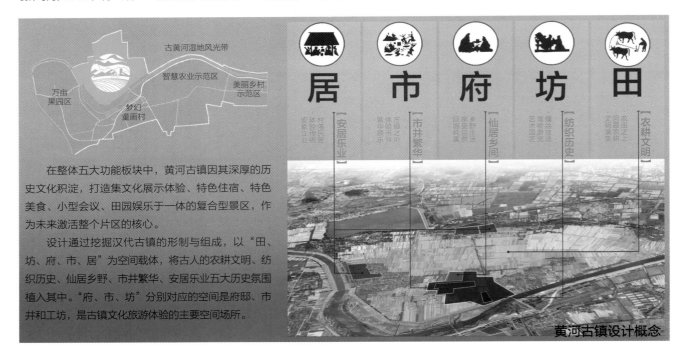

古黄河湿地风光带

智慧农业示范区

美丽乡村示范区

万亩果园区

梦幻童画村

居　市　府　坊　田

【安居乐业】依乡村落居住体验安家过生活

【市井繁华】古镇之中体验市井繁乐趣

【仙居乡间】多种生活享受自然田园体验

【纺织历史】纺品技法海织展艺术旅游区

【农耕文明】太田之上文明墓农耕演变

　　在整体五大功能板块中，黄河古镇因其深厚的历史文化积淀，打造集文化展示体验、特色住宿、特色美食、小型会议、田园娱乐于一体的复合型景区，作为未来激活整个片区的核心。

　　设计通过挖掘汉代古镇的形制与组成，以"田、坊、府、市、居"为空间载体，将古人的农耕文明、纺织历史、仙居乡野、市井繁华、安居乐业五大历史氛围植入其中。"府、市、坊"分别对应的空间是府邸、市井和工坊，是古镇文化旅游体验的主要空间场所。

黄河古镇设计概念

市 · 民俗商业街
Commercial Street

民俗商业街

府 · 精品酒店
Boutique Hotel

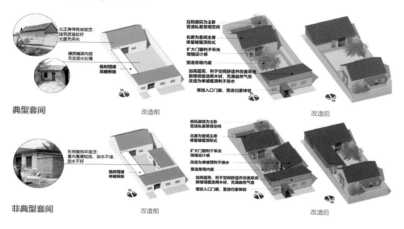

典型套间   改造前   改造后

非典型套间   改造前   改造后

坊 · 缫丝厂文化创意园
Cultural and Creative Garden of Silk Factory

1. 起源
桑蚕茧 蚕吐丝结成

2. 缫丝
古老技艺 手工文化
浸丝 抽丝 收丝 编织蚕丝

3. 提炼
建筑与景观元素

4. 融合
缫丝厂概念设计

设计说明

徐州睢宁为两汉故里，古黄河为华夏民族的母亲之河，本项目开发的定位是基于生态背景的旅游导向型的度假区模式。项目指出营造未来乡村需要解决的核心议题是：（1）生态修复；（2）农业升级；（3）文化挖掘。应对核心议题，项目以重塑乡野生态体系为基础，通过精准升级智慧农业和弘扬灿烂黄河文化，激活乡村创新经济，树立未来乡村发展典范。

项目位于江苏省徐州市睢宁县姚集镇，全区占地35.67平方公里。项目总体的规划思路是以房湾湿地公园和古黄河风光带为生态轴，联动黄河古镇、美丽乡村、梦幻童画村、智慧农业、万亩果园共生发展组成徐州古黄河旅游度假区，形成一带五区的规划布局，打造未来乡村旅游的典范。

其中黄河古镇是整个度假区最具特色的旅游文化板块，全区总用地约744公顷，现状是典型的传统乡村风貌。为了实现乡村振兴和生态发展的策略，整个片区将集中开发黄河古镇核心区，最终形成集文化展示体验、特色住宿、特色美食、小型会议、田园娱乐于一体的复合型度假区。

黄河古镇核心区占地80公顷，设计思路以重塑黄河文化和生活为主题，命名项目为"时光故里"。项目中的建筑设计改造均以当地原有建筑为基底，以业态置换与外立面改造的策略，给人以浸入性的村庄生活体验。在景观设计上挖掘当地特色文化，在缫丝厂改造设计中，结合当地古老的缫丝手工技艺，提取蚕丝线条作为设计语言，应用在景观铺装、景观构筑中，形成具有形象特色的历史文化地标。

黄河古镇核心区鸟瞰

缫丝厂文化创意园

图例

1 带状生产区次入口
2 露天菜地
3 设施菜棚
4 溪流
5 配送中心
6 垂钓塘
7 带状生产区主入口
8 入口大门
9 金鸡乐园
10 农事体验展示馆
11 农耕体验
12 生态餐厅
13 民俗村
14 花田
15 魔法森林
16 露营天地
17 水库
18 民宿
19 乡村俱乐部
20 露天采摘
21 果园湿地
22 休息驿站
23 温棚采摘
24 百果园入口

总平面

桃源农耕文明体验园

LANDSCAPE DESIGN FOR TAOYUAN AGRITURAL

设计单位：武汉华天园林艺术有限公司　　主创姓名：李菠、王姣、苏珺、朱娟英、徐瑶　　成员姓名：周淑贞、操越、郭侃、王冠一、胡晏
设计时间：2017年10月　　项目地点：湖北省咸宁市梓山湖生态新城内　　项目规模：2000亩　　项目类别：旅游区规划
委托单位：湖北梓山湖桃林农业有限公司

入口分区效果图

民俗村效果图

露营天地效果图

设计说明

桃源农耕文明体验园工程位于咸宁市梓山湖生态新城，总面积2000亩，区内交通发达，生态环境良好。

项目以建设"美丽乡村"为背景，以生态文明建设为指导，以都市农业、休闲农业、观光农业为载体，以体验经济为激发点，通过趣味化、参与化、主题化的项目，同时借助梓山湖旅游发展优势，实现田园式的吃、住、行、娱、购、游等功能，打造完整产业链，提升消费深度，推进一二三产业联动，带动当地产业经济发展。

设计的核心理念是文化与生态的融合，以中国文化的"桃花源情结"为线索，用现代方式体验一场深藏记忆的"乡愁盛宴"，用独特资源打造一个"让你回到回不到的老家"，项目包含带状生产区、核心体验区、百果采摘区三大板块，主要涉及农事生产体验的设施蔬菜、露天蔬菜、垂钓塘及生态配送中心、展示地方风俗文化、饮食文化、民间艺术文化的民俗村、探险体验的魔法森林、融入咸宁鸡汤产业的金鸡乐园、以大自然为背景的亲子活动基地—萌宠乐园、饮食配套服务的生态餐厅、商务会议配套的乡村俱乐部、作为住宿配套服务的民宿体验园。

同时设计提出以迭代思维面对变化中的市场需求，以乡村1.0到4.0的进化为例，强调在运营中升级创新，不断试错、不断优化，不断创新产品，以实现持续的发展。

小鸡快跑主题乐园效果图

IDEA-KING
since 2011艾景奖®

第八届艾景奖国际景观设计大奖获奖作品

THE 8TH IDEA-KING COLLECTION BOOK OF AWARDED WORKS

效果图

后坪乡·天池苗王寨

HOUPING RURAL AREA·TIANCHIMIAOWANG STOCKADED VILLAGE

设计单位：中冶赛迪美丽乡村设计院　主创姓名：蒲音竹　成员姓名：常茂、王孝渔、雏腾云、历建新、郑红丽
设计时间：2017.12　项目地点：重庆市武隆区后坪乡　项目规模：24.3公顷　项目类别：乡村振兴实践
委托单位：重庆武隆

效果图

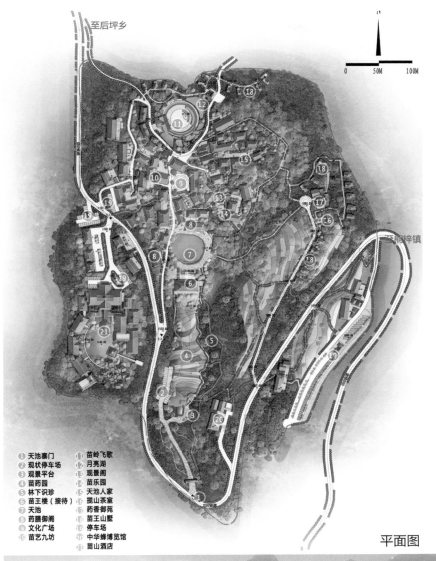

至后坪乡

0 50M 100M

① 天池寨门
② 现状停车场
③ 观景平台
④ 苗药园
⑤ 林下识珍
⑥ 苗王楼（接待）
⑦ 天池
⑧ 药膳御阁
⑨ 文化广场
⑩ 苗艺九坊
⑪ 苗岭飞歌
⑫ 月秀湖
⑬ 观景阁
⑭ 苗乐园
⑮ 天池人家
⑯ 揽山茶室
⑰ 药香御苑
⑱ 苗王山墅
⑲ 停车场
⑳ 中华蜂博览馆
㉑ 苗山酒店

云梓镇

平面图

设计说明

天池苗王寨项目位于武隆县后坪乡文凤村社区，是目前渝东南乃至重庆市保存为完好的少数民宿民居建筑群之一，规划区占地面积24.3公顷。

作为重庆市乡村振兴的示范性项目，重庆武隆后坪乡天池苗王寨项目总体规划以"产业兴乡、文化兴乡、旅游兴乡"为主要策略，结合后坪乡产业现状及发展规划，围绕"苗医苗药"相关产业，以"苗医兴乡，苗药富农"为核心理念，将天池苗王寨打造成后坪乡农特产品展销窗口；深入挖掘天池坝的历史文化，重塑天池苗王寨民族民俗文化体系，增强乡村文化自信；围绕天池苗王寨的产业定位和文化内核，发展康养旅游和文化旅游。以苗（药）王文化为核心，以苗医苗药为主线，将苗王医药文化贯穿全寨；创新苗寨发展主线，以苗医苗药为突破口，依托高海拔优势、原生农耕环境及传统手工艺，打造集苗医苗药采摘认知、苗膳体验、工坊体验、药浴养生、精品民宿体验、演艺活动引爆等于一体的云间药养苗王寨。

在建筑设计方面，保护苗王寨传统建筑风貌，对现有建筑进行修缮，活化建筑内部空间，如：闲置房屋改为民宿、猪圈空间改为酒肆或茶室等，既有传统苗寨的风味，又可满足城市游客的生活需求。新建建筑在不影响苗王寨传统风貌的前提下，提取苗寨传统建筑元素，针对旅游发展需求融入现代元素。

在景观设计方面，深入研究苗族文化，提取文化符号，融入景观小品、铺装等设施的设计之中。景观材料多使用当地乡土材料，如石、木、瓦、竹、树皮等，就地取材，适宜性强。凸显乡土氛围，对村内已经荒废的石磨、风箱、簸箕、陶罐、水槽等农具进行回收和改造，运用到公共空间及庭院装饰当中。庭院改造根据功能需求和规划主题进行优化布局，例如：未来作为民宿经营的庭院注重休闲空间，作为餐饮茶室的庭院注重外摆需求；作为苗艺工坊的空间注重手工艺展示等。

效果图

诸暨市枫桥镇枫源村美丽乡村规划及提升

BEAUTIFUL VILLAGE PLANNING AND UPGRADING PROJECT OF FENGYUAN VILLAGE, FENGQIAO TOWN, ZHUJI CITY

设计单位：华建集团·上海建筑设计研究院有限公司　　主创姓名：刘江黎、杨田
成员姓名：李倩楠、苟欣荣、瞿思敏、燕艳丽、程华
设计时间：2017年12月　　项目地点：浙江省诸暨市　　项目规模：28公顷　　项目类别：旅游区规划
委托单位：枫桥镇人民政府

实景图

设计说明

枫源村是"枫桥经验"村一级源地之一，位于浙江省诸暨市枫桥镇东南部，今年是毛泽东同志批示学习推广"枫桥经验"55周年，也是习近平总书记指示坚持发展"枫桥经验"15周年。

本项目位于枫桥镇枫源村，由大竺、大悟、泰山三个

实景图

自然村组合而成，项目将对村庄及周边区域、重要节点等在交通、景观、建筑等各层面进行提升改造。使枫源村以山为靠，以水为生，以树为家，美化自然环境，形成枫桥经验"新形象"、进一步推进乡村振兴，形成新时代下的文化创新理念，打造枫桥经验"新烙印"，进一步发展乡村旅游和休闲农业，塑造枫桥经验"新风格"。规划定位：诸暨市美丽乡村精品线上以"访枫桥经验、探千年香榧"为主题的重要节点；以"枫桥经验、基层党建"为主要特色，集"文化体验、交流学习"的文化传承型精品村；辅以"生态农业观光、户外素质拓展"等活动安排，成为诸暨市基层党建学习的红色旅游目的地。

枫溪寻美（自然之源）	---->	枫源村以山为靠，以水为生，以树为家，美化自然环境	---->	枫桥经验"新形象"
经验溯源（文化之源）	---->	"枫桥经验"村一级发源地，激发新时代下的新文化创新	---->	枫桥经验"新烙印"
转型发展（产业之源）	---->	转型原支柱产业高岭土采矿业，统筹个体经济纺织业和运输业，发展乡村旅游和休闲农业	---->	枫桥经验"新风格"

效果图

效果图

效果图

效果图

效果图

效果图

实景图

实景图

实景图

实景图

实景图

实景图

实景图

实景图

IDEA-KING
since 2011 艾景奖®

第八届艾景奖国际景观设计大奖获奖作品

THE 8TH IDEA-KING COLLECTION BOOK OF AWARDED WORKS

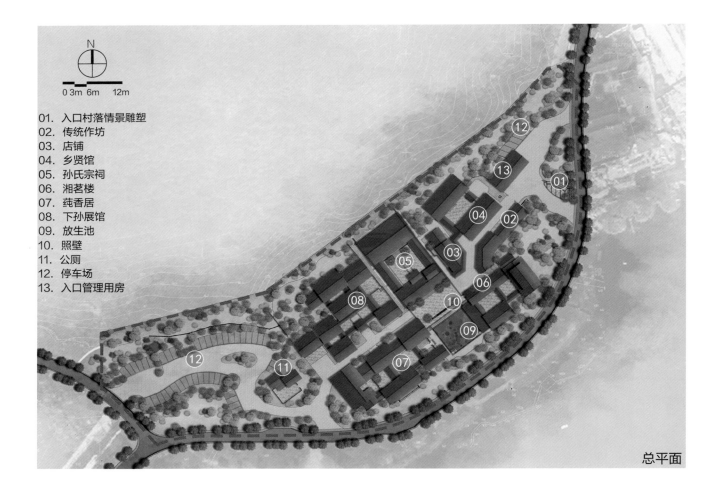

N

0 3m 6m 12m

01. 入口村落情景雕塑
02. 传统作坊
03. 店铺
04. 乡贤馆
05. 孙氏宗祠
06. 湘茗楼
07. 莼香居
08. 下孙展馆
09. 放生池
10. 照壁
11. 公厕
12. 停车场
13. 入口管理用房

总平面

湘湖下孙村落设计工程

XIANGHU XIASUN VILLAGE DESIGN PROJECT

设计单位：同创工程设计有限公司　主创姓名：金小军　成员姓名：吕峰、韩竹棋、王河良、金伸峰、周锋、秦烨萍
设计时间：2007年10月　项目地点：浙江湘湖　项目规模：220000平方米　项目类别：旅游区规划、园区景观设计
委托单位：浙江湘湖旅游度假区投资发展有限公司

鸟瞰效果图

沿湖透视图

街巷透视图

设计说明

本工程位于湘湖启动区块北岸，桥头山山脚，越王路以北、水漾桥以东，湘里坊以西的范围内，与湘湖渔村隔水相望，占地面积2.2万平方米。基地现状保留老台门四座，为晚清民居建筑。整个基地依山傍水，为下孙村景观设计提供了良好的外部环境。

根据湘湖总体规划要求，整体布局和建筑造型体现传统江南村落特色，满足旅游配套功能要求，与周围环境相融合。对保留下来的老台门进行保护利用与适度开发，充分挖掘湘湖古村落的民俗风情，体现湘湖的文脉传承。设计在本工程内安排入口区、传统村落文化展示区、茗茶休闲区、休闲餐饮区、停车区五大内容。

1. 入口区

位于村落入口处，是村口景观重要节点之一，主要由村落情景雕塑、入口管理用房及停车场三部分组成，既是村落引导标志的窗口，又是入口第一驻足空间，是文化展示与留影的第一景点。

2. 传统村落文化展示区

内容包括传统作坊街巷、乡贤馆与孙氏宗祠几部分，通过组合保留的三号台门，从街到院的布展路线，形成较为集中的文化展示区。

3. 茗茶休闲区

主要功能为游客提供较休闲的茗茶场所，布置在文化展示区以南，由一组建筑围合而成，北侧是街巷的有机组成部分，南侧建筑面湖，满足茗茶休闲的良好视觉景观需求。

4. 休闲餐饮区

位于孙氏宗祠与池塘西侧，分农家乐与莼香居二部分。利用三座保留的台门形成较为完整的农家乐餐饮区，莼香居与老台门隔街相对，布局与整个村落有机融合，是湘湖二期主要的旅游餐饮服务区。

5. 停车区

集中式停车场设两处。

业态环境

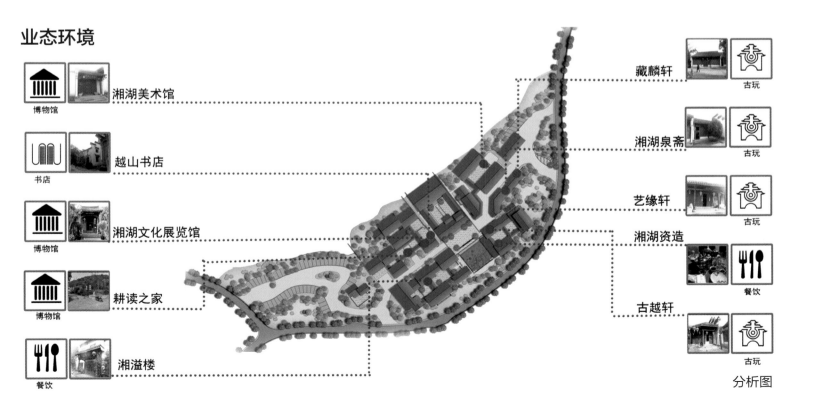

博物馆 湘湖美术馆

书店 越山书店

博物馆 湘湖文化展览馆

博物馆 耕读之家

餐饮 湘溢楼

藏麟轩 古玩

湘湖泉斋 古玩

艺缘轩 古玩

湘湖资造 餐饮

古越轩 古玩

分析图

总平面

红色圣地·赵一曼故居

ZHAO YIMAN'S FORMER RESIDENCE

设计单位：四川音乐学院　攀枝花学院　四川省洛克规划设计有限公司　　主创姓名：范颖　　成员姓名：赵秋泉、高家双、卢珊珊、吴歆怡、蒋燕、张钰筠

设计时间：2018年6月　　项目地点：四川省宜宾市　　项目规模：666亩　　项目类别：名人故居景观设计

委托单位：四川省宜宾市翠屏区白花镇人民政府

鸟瞰效果图

实景图

实景图

设计说明

英雄史诗·红色圣地，赵一曼故里，红色精神永存。

中华民族抗日英雄赵一曼，四川省宜宾县白花镇人，其故居位于四川省宜宾市白花镇，2010年被评为"100位为新中国成立作出突出贡献的英雄模范人物"之一。

赵一曼故居作为宜宾市旅游文化地标，具有代表性、唯一性、记录性以及深刻的影响力。赵一曼故居以及周围的山水环境记录着赵一曼的成长环境与人物魅力的形成过程。作为历史遗留的文化记忆不仅为当代，更为后世留下赵一曼英雄的诗篇，传递英雄的火种。

围绕赵一曼故居，植入赵一曼烈士人物魅力、精神价值以及传奇人生故事的文化内涵，扩展旅游空间，以爱国主义教育为核心，以抗战英雄精神为内核，塑造红色旅游胜地，发展成为集科普教育、文化体验、休闲娱乐、运动康体、康养度假于一体的赵一曼英雄文化景区、中国名人故居典范。

实景图

图 例

- - - 现保护范围
━━━ 规划用地红线

总平面图

甘南州牛头城旅游区重点区域修建性详细规划

GANNAN NIUTOU CITY TOURISM AREA KEY AREA CONSTRUCTION DETAILED PLANNING

设计单位：四川旅游规划设计研究院　　主创姓名：顾相刚、汤成明、陈峰澜　　成员姓名：董思雨、刘异婧、杨维凌、罗天牛、蔡燕丽
设计时间：2017年5月～2018年6月

丝路街效果图

吐谷浑大帐营地效果图

设计说明

　　牛头城旅游区位于甘南州临潭县城西5公里处的古战乡古战村，S306南侧，旅游区包括两大核心吸引物即牛头城古遗址文化及当地民俗非遗文化，规划设计深入挖掘牛头城的历史文化价值、当地民俗非遗文化价值及高原生态环境等旅游资源，打造牛头城遗址观光、非遗文化体验、民俗村落休闲、山地康养度假于一体的精品旅游产品体系。

　　其中民俗体验区，以打造文化遗产的态度为理念，以生态文明小康村的建设为基础，以老街民居院落为载体，以本地非遗文化为吸引物，创新性提出打造文化产业集聚、旅游业态丰富、人居环境优美的"产旅居一体"的文化乡居模式，构建集文化演艺、民间美食、民俗风情体验、休闲娱乐、餐饮购物等功能于一体的"古尔占老街"，为甘南乃至甘肃知名的民俗文化旅游目的地、全国藏区生态文化旅游融合发展的乡村振兴典范塑造了良好的基因条件。

牛首山标志景观效果图

牛头城景观平台效果图

自驾车营地效果图

鸟瞰图

IDEA-KING
since 2011艾景奖®

第八届艾景奖国际景观设计大奖获奖作品

THE 8TH IDEA-KING COLLECTION BOOK OF AWARDED WORKS

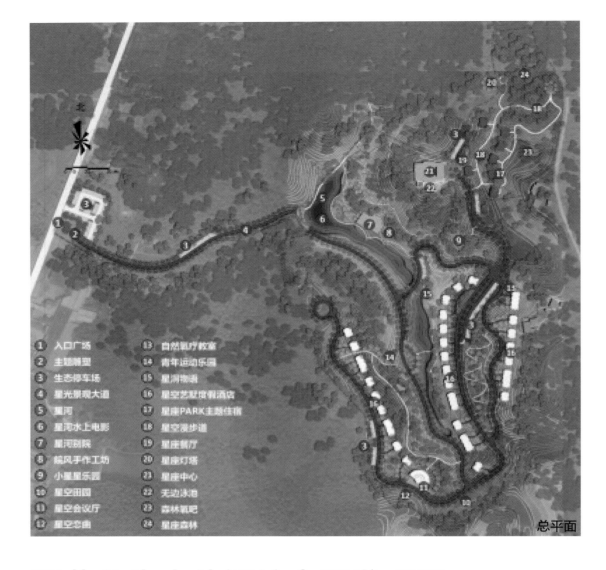

北

① 入口广场	⑬ 自然氧疗教室
② 主题雕塑	⑭ 青年运动乐园
③ 生态停车场	⑮ 星河物语
④ 星光景观大道	⑯ 星空艺墅度假酒店
⑤ 星河	⑰ 星座PARK主题住宿
⑥ 星河水上电影	⑱ 星空漫步道
⑦ 星河别院	⑲ 星座餐厅
⑧ 暖风手作工坊	⑳ 星座灯塔
⑨ 小星星乐园	㉑ 星座中心
⑩ 星空田园	㉒ 无边泳池
⑪ 星空会议厅	㉓ 森林氧吧
⑫ 星空恋曲	㉔ 星座森林

总平面

雨燕谷生态休闲综合开发项目

YUYANGU-UNDERTHESTARS RESOR

单位名称：万品建筑设计（上海）有限公司　艾为建筑设计（上海）事务所有限公司
主创：王艺、李重　　成员：赵鹤龄、陆佳臻、张亮亮、金苏月、王佳妮、戎燕萍　　设计时间：2018.05
项目地点：安徽省宣城市广德县柏垫镇　　项目状态：在建　　项目类别：旅游区规划

效果图

设计说明

雨燕谷位于安徽宣城市广德县柏垫镇凤桥社区东南部，是具有皖南地域特色的旅游度假村。

自开发以来，以优美的环山谷地为依托，形成自然环境良好、舒适宜人的休闲度假之地。度假村内部道路规划顺应地势开辟，主要道路沿基地就高地势不易积水，易于排水的地形布局，合理组织了度假村内的二级道路及度假村内建筑排布。建筑布局基本上均遵循背山面水的原则，充分考虑公共空间与私密空间的不同需求，并且按照不同功能类型的建筑对景观及朝向的不同要求来排布建筑群体的位置，尽量发挥了自然环境的优势，合理利用不同价值的土地，充分利用自然资源。景观布置上充分考虑了景观的原生性，利用原有的自然景观加以修整，并结合地形布置无边泳池、小品、亲水平台等人工景观，使人工景观和自然景观充分融合，满足休闲度假的使用功能。

效果图

效果图

第八届艾景奖国际景观设计大奖获奖作品

THE 8TH IDEA-KING COLLECTION BOOK OF AWARDED WORKS

鸟瞰图

韩城国家文史公园

HANCHENG NATIONAL HISTORY PARK

设计单位：杭州人文园林有限公司

设计时间：2015年7月　　项目地点：陕西省韩城市　　项目规模：3200亩　　项目类别：园区景观设计

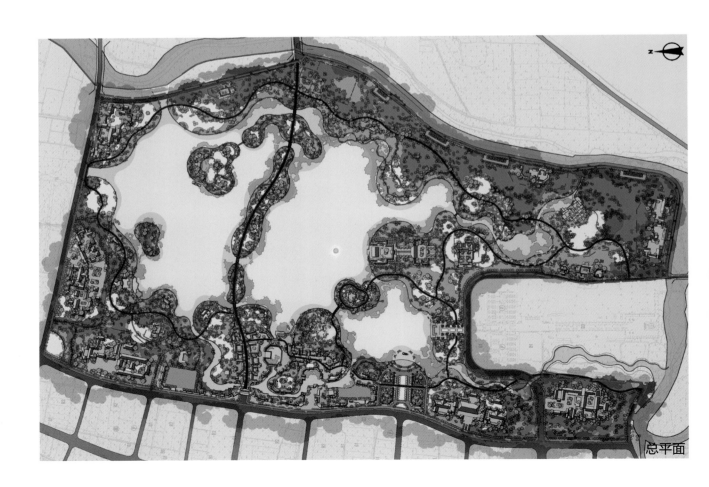

总平面

设计说明

　　文史公园的设计思想从时空两个方面要反映其特色，即充分利用其原有场地为大面积低洼湿地的特征，因地制宜地开辟大面积的水面，为造园形成基本的水体骨架空间。同时，根据场地的历史特征，反映司马迁时代的中国造园思想，根据汉武帝的宫苑一池三岛的布局来构成文史公园的空间骨架。

　　在整体设计布局中，沿袭自然山水园林的手法布局，突出史记文化、黄河文化，以司马追风阁为坐标统领整个园区，以一湖一堤两溪三岛十景十二园为基本框架结构，依托传统文化为内涵的意境表现，延续简洁传统的风格特点，运用土、石、木等自然生态环境材料、现代生态材料、新材料，最终表现为一个充满历史文化底蕴的雄阔壮美的国家文史公园。

司马追风阁效果图

瀛洲观荷鸟瞰图

总体鸟瞰图

濠水观鱼实景

【濠水观鱼】

　　自古"鱼乐人亦乐，全清水共清。"濠水观鱼节点既有依水小筑，又有一池清泉，池中疏植几株荷花，鱼戏莲叶间，无论是鱼群嬉戏，翻腾翔跃，还是锦鳞疏尾，悠然唼喋，皆可使人清净詹泊，浊事皆忘。

芝川古渡效果图

【芝川古渡】

芝川古渡节点的设置，节点运用古代渡口元素。古牌坊，演绎当年渡口繁忙，商客络绎不绝的繁华景象。历史的厚重与现代文明在此交相辉映，成为一处新的休闲景观。

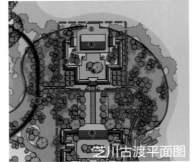

芝川古渡平面图

芝川古渡实景

芝川古渡实景

芝川古渡实景

芝川古渡剖面图

【柳堤翠映】

弦月清照，风拂霓裳，一袭烟雨素妆，安步在柳堤含烟湖畔。柳堤映翠作为一条园林景观道路，从西至东布置四桥，安徐桥、紫渊桥、望山桥、玉砂桥。

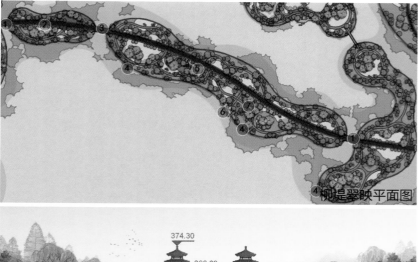

柳堤翠映平面图

柳堤翠映剖面图

柳堤翠映实景

【司马追风阁】

在有湖有堤有岛的大山水格局下，布置了司马追风阁作为整个国家文史公园的最高标志性建筑，聚集天地灵气，吸收日月精华。

司马追风阁效果图

IDEA-KING
since
2011艾景奖®

第八届艾景奖国际景观设计大奖获奖作品

THE 8TH IDEA-KING COLLECTION BOOK OF AWARDED WORKS

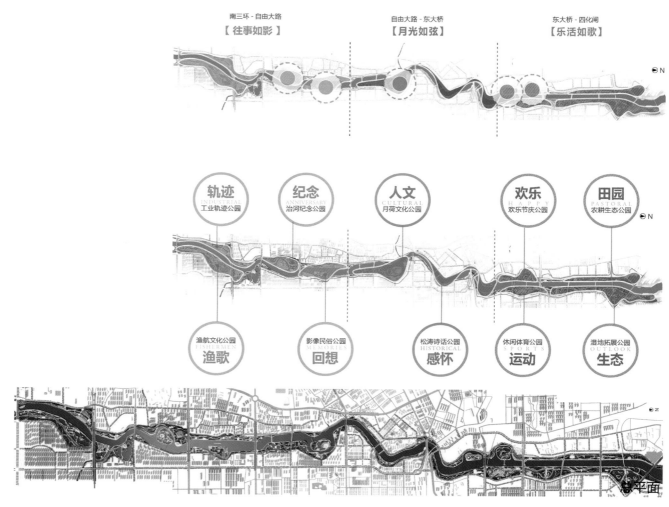

南三环 - 自由大路　　　　　自由大路 - 东大桥　　　　　东大桥 - 四化闸
【往事如影】　　　　　　　【月光如弦】　　　　　　　【乐活如歌】

⊕N

轨迹　　纪念　　人文　　　欢乐　　田园
工业轨迹公园　治河纪念公园　月荷文化公园　欢乐节庆公园　农耕生态公园
INDUSTRIAL　ANNIVERSARY　CULTURAL　HAPPY　PASTORAL

⊕N

渔航文化公园　影像民俗公园　松涛诗话公园　休闲体育公园　湿地拓展公园
FISHERMEN　MEMORIES　HISTORICAL　SPORTS　OUTLOOK
渔歌　　回想　　感怀　　　运动　　生态

总平面

伊通河流域水生态维护工程

YITONG RIVER WATER SYSTEM ECOLOGICAL MAINTENANCE PROJECT

设计单位：同济大学建筑设计研究院（集团）有限公司　　　主创姓名：陆伟宏、贺爽、徐文春、林妍、王磊
成员姓名：黄凌、艾静、朱然希、朱丹、刘翘楚、陆士彦、周友曼　　　设计时间：2016~2017年
项目地点：吉林省长春市　　　项目规模：670公顷　　　项目类别：公园与花园设计　　　委托单位：长春城投建设投资有限公司

民族风情园实景

工业轨迹公园实景

工业轨迹公园实景

设计说明

　　伊通河孕育了长春城，如这片叶形城市的主脉在城市中央穿过。伊通河的积年沉疴治理难度巨大。2005年确定伊通河生态建设为"城市建设一号工程"，2010年以"生命线、生态轴、景观带"为目标展开伊通河治理工程，2016年迄今规模最大的综合治河工程启幕。伊通河流域水生态维护工程作为"百里伊通河水系生态长廊"的核心组成，对伊通河城区段进行景观改造提升，从水质改善、防洪安全、景观提升、交通完善、产业植入五位一体，系统地解决水安全、水生态、水景观、水文化不足的问题，重新唤起伊通河的生机和活力。

　　工程规模670公顷，两岸贯通33公里绿道及22座综合服务驿站，以生态绿廊和慢行绿道将南溪湿地至北湖湿地的17公里河道沿岸景点串联起来，综合利用海绵城市技术、水环境措施，结合北方气候特色，激活功能，引入产业，凝练和提升伊通河的秀美风光和厚重的历史文化，以"往事如影"、"月光如弦"、"乐活如歌"为文化主题进行提升，打造各具特色和景观魅力的"十园、五岛"，把伊通河建设成为长春城市安全的"生命线"、绿色宜居的"生态轴"、美丽长春的"景观带"、产业升级的"动力源"，实现"治理一条河，改变一座城"的宏伟目标

　　本工程是结合水系综合治理改造提升环境景观的典型项目，是通过景观改造使城区段滨河绿地重新焕发生机和活力的成功案例。项目规模宏大，多学科交叉合作，且受到北方气候的限制和影响，具有较高的设计难度，历经两年多的驻场设计，改造后的伊通河受到市民与游客的高度关注和好评。

渔航文化公园实景

滨河文化长廊实景

叠水花园实景

电车花园实景

治水纪念公园及影像民俗公园秋景实景

滨河绿道实景

爱琴岛冬景效果图

生态驳岸实景

湿地拓展公园冬景效果图

工业轨迹公园及渔航文化公园实景

IDEA-KING
since
2011艾景奖®

第八届艾景奖国际景观设计大奖获奖作品

THE 8TH IDEA-KING COLLECTION BOOK OF AWARDED WORKS

总平面

儒辰新时代——临沂启航运动公园

THE NEW AGE_SAILING SPORT PARK OF LINYI

设计单位：清创尚景（北京）景观规划有限公司　　主创姓名：陈军士　　成员姓名：陈彬、李兆昱、陈杰

设计时间：2018年3月　　项目地点：山东省临沂市　　项目规模：3000平方米　　项目类别：公园与花园设计

委托单位：山东省临沂市儒辰集团&绿源园林工程有限公司

自然体验区效果图

公园入口效果图

售楼处入口鸟瞰图

设计说明

设计团队在早期的设计研究工作中，是以儿童画作为文化切入点，以"交往空间"理论为基础来推演场所行为心理的。清创这个团队的用心之处，就是从这些看似细碎但是暖心的角度切入问题。儿童画自然是一种诗意的表达，那么在建成的公园一角，发生着朗诵的事件，自然也是诗意的结果。设计在让运动休闲成为时尚的同时，琅琊文脉有了意想不到的发挥之处，也是临沂的精神复兴，复兴的是古琅琊的文脉。而一处好的人居环境，是精神复兴的载体。任何精神文化行为都能够在这样的载体中复兴。启航运动公园营造了舒适宜人的生态氛围，将林下空间和地形层次、植物层次结合起来。

启航运动公园和售楼处的景观营造，都在自觉地追求一种不断启发新体验、新感受的互动机制。呈现给市民的，不是三分钟热度的景观惊奇，而是越居住越舒适，越生活越不能相互分离的效果，这是集团的重要理念之一，景观，源于生活，又回到生活日常。

启航运动公园的设计也运用了大量的流畅曲线，这是基于对人的休闲运动行为特点和心理分析得出的科学依据，再通过景观设计的语言呈现出来。

结语

城市需要什么？城市需要留住绿水青山、绿色空间。

市民需要什么？市民需要看得见、摸得着的实惠。

运动公园需要什么？需要视觉的愉悦、体验的愉悦，更需要精神的愉悦，家人陪伴的幸福！

这些清创尚景看得到，所以，只为你用心。

亲子娱乐区效果图

启航公园实拍图

启航公园实拍图

启航公园实拍图

运动广场效果图

细部展示

道路植物设计效果图

第八届艾景奖国际景观设计大奖获奖作品

THE 8TH IDEA-KING COLLECTION BOOK OF AWARDED WORKS

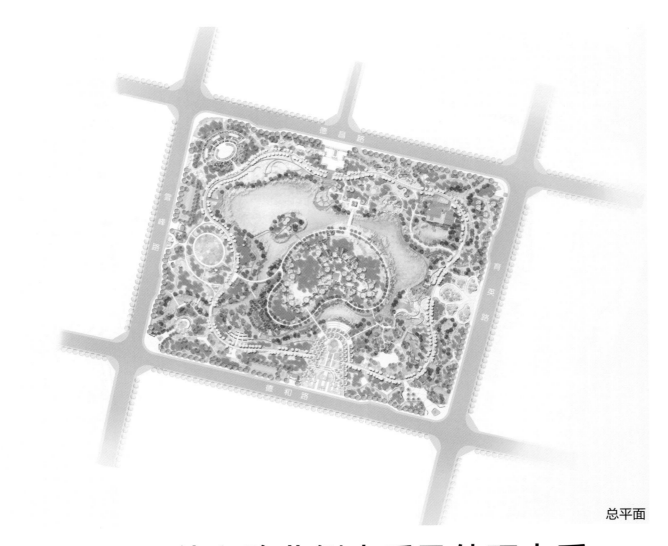

总平面

德和公园、德和路北侧水系及外环水系
施工一标段景观提升方案设计

LANDSCAPE DESIGN OF IMPROVEMENT PLAN FOR CONSTRUCTION OF WATER SYSTEM AND
OUTER RING WATER SYSTEM IN DEHE PARK AND THE NORTH SIDE OF DEHE ROAD

设计单位：安徽新宇生态园林股份有限公司　　主创：于德、凌宏杰、严德莲、汪尧　　成员：谢梦瑶、李晓东、吴晋、凌杉杉、邱丽莉、孔德忠
设计时间：2017年1月　　项目地点：安徽省涡阳县　　项目规模：约20万平方米　　项目类别：公园与花园设计
委托单位：安徽涡阳重点工程建设管理局

效果图

鸟瞰图

设计说明

　　德和公园位于涡阳县城南新区，城南新区是连接新城与老城的重要枢纽，公园占地约20万平方米。本项目重点围绕老子文化进行打造，并将涡阳当地的淮北琴书、淮北大鼓、梆剧、泗州戏、捻军、涡阳剪纸、石弓石雕引入其中，营造一种历史与现代的焦点，景观与文化的碰撞，人、文化环境的交流场所，用蒙太奇手法与现代设计方式，营造古典的历史文化氛围。让人们更好地了解涡阳，了解老子，并踏上一段涡阳文化之旅。方案提炼了老子文化《道德经》道生一，一生二，二生三，三生万物这一理念，道即是老子文化，一即是场地，二即是山，三即是水，万物即是德和公园。主要景点包含：九龙迎驾、淮北琴书、老子传道、钟林广场、紫气东来等。琴书广场节点以体现淮北琴书的民俗文化为内涵，提炼语言符号，作为表演及活动场地；老子传道节点，采用对称式布局，满足人流交通及疏散功能；紫气东来节点作为公园次入口，结合老子文化的寓意，采用叶脉状构图，将文化与景观塑造结合起来；其中九龙迎驾节点主要结合历史文化特色，打造时间轴中的"过去"篇章；中心岛屿打造时间轴中的"现在"篇章，主要体现"生态环境"这一理念；钟林广场节点主要打造时间轴中的"未来"篇章。

效果图

效果图

效果图

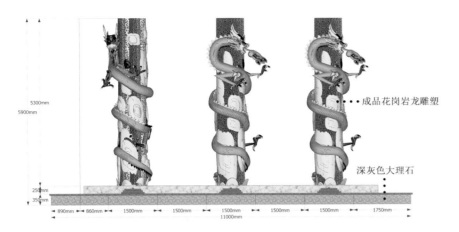

成品花岗岩龙雕塑

深灰色大理石

立面图

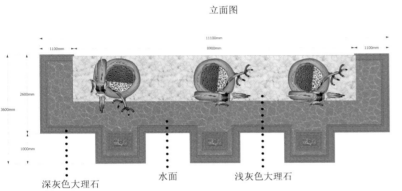

深灰色大理石　　水面　　浅灰色大理石

顶视图

芝麻灰大理石

立面图

浅灰色大理石

立面图

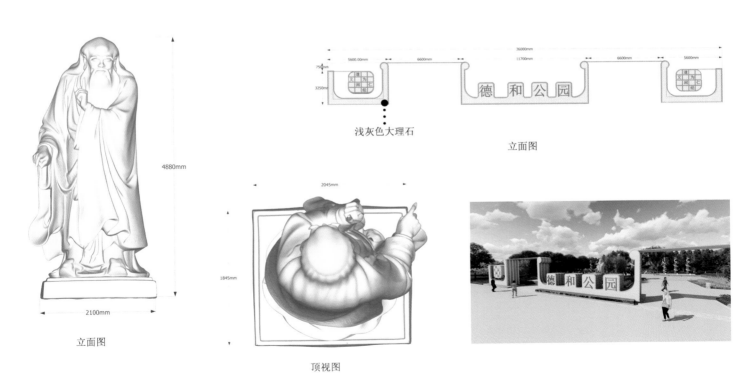

立面图

顶视图

IDEA-KING since 2011艾景奖®

第八届艾景奖国际景观设计大奖获奖作品

THE 8TH IDEA-KING COLLECTION BOOK OF AWARDED WORKS

总鸟瞰效果图

泰兴东郊森林公园

TAIXING DONGJIAO FOREST PARK

设计单位：南通市市政工程设计院有限责任公司　　主创姓名：叶新、王慧、李颖、　成员姓名：程云超、吕洁、毛艳梅、秦虹、沈敏、韩晓燕、
汪莹、徐亮、唐艳芝、徐娅、徐晟、金珍、施智、骆林娴
设计时间：2017年9月　　项目地点：江苏省泰兴市东南郊区　　项目规模：2449.39亩　　项目类别：公园与花园设计
委托单位：泰兴市园林绿化管理处

鸟瞰效果图

水上森林效果图

林下栈道效果图

设计说明

一个主题定位，两类生态系统，三大功能区块，四种文化特色。

一个主题定位：绿色生态客厅，"创生创康"典范。为市民、游客打造一个生态休闲、健身疗养的绿色客厅，最终使其成为泰兴市"创生创康"典范。

两类生态系统：水网系统和林网系统。

水网系统：综合场地特征和现状特点，在保留现有河道基础上进行合理开挖，就地平衡土方，形成湖、河、溪、涧相互渗透的水网系统。湖面形状以泰兴小提琴文化为设计灵感，音乐艺术与生态艺术的碰撞，是本案水系设计的亮点。

林网系统：植被是森林公园中的绿色基调，遵循经济适用的原则，选择合适的绿化树种，包括乡土树种和经引种驯化后适生的新优外来品种，形成外围防护林、特色景观林、生态休闲林和科研试验林四大功能林区，在此基础上融入山林、水林、田林和花林的景观林概念，丰富林网系统。

三大功能区块：根据基地特点和客流量的方向，由南至北划分森林入口服务区作为绿色客厅，引导游客开启文化之旅；健康活动区，激活森林，提倡有氧运动。休闲度假区，提供民俗体验、音乐疗养、森林浴等静态休闲场所，旨在打造林水相融的生态典范。

四种文化特色："一泓音乐湖，九片银杏叶，多彩民俗村，全民科普园"，设计将地区音乐、植物、民俗和教育四种文化融入公园，彰显泰兴"小提琴之乡"、"银杏之乡"和"教育之乡"的文化魅力。

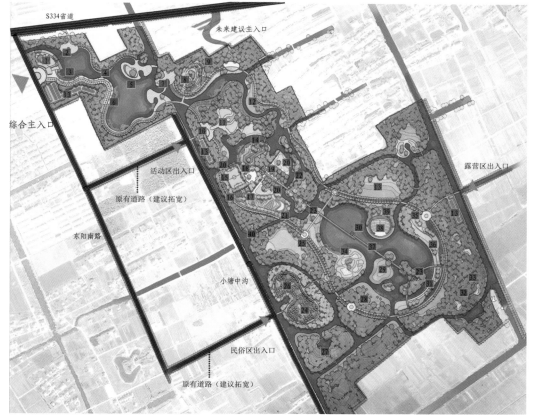

图例：景点标注

1	游客服务中心	21	极限运动区
2	折桥	22	林荫栈道
3	综合码头	23	景观盒
4	拱桥	24	花田景观展示区
5	水上森林/水生植物展示区	25	林下花海
6	观景亲水平台	26	银杏多彩民俗村
7	水之塔	27	水杉林
8	观景高台	28	林间趣味木屋
9	森林迷宫	29	鸟岛
10	树带广场	30	琴之岛
11	星之塔	31	木质活动平台
12	溪涧探险活动区	32	森林浴
13	停车场	33	森林瑜伽草坪
14	卡丁车游乐园	34	香草园
15	足球场	35	露营基地
16	篮球场	36	汽车电影
17	网球场	37	音乐栈道
18	CS模拟场	38	森林剧场
19	梦之塔	39	音乐之家
20	儿童游乐场	40	亲水平台

总平面图

游客中心效果图

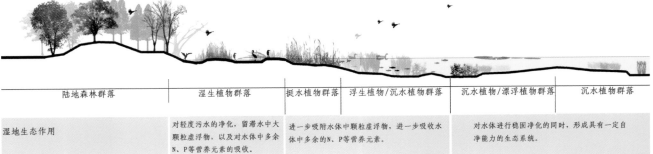

陆地森林群落	湿生植物群落	挺水植物群落	浮生植物/沉水植物群落	沉水植物/漂浮植物群落	沉水植物群落
湿地生态作用	对轻度污水的净化，留滞水中大颗粒虚浮物，以及对水体中多余N、P等营养元素的吸收。		进一步吸附水体中颗粒虚浮物，进一步吸收水体中多余的N、P等营养元素。	对水体进行稳固净化的同时，形成具有一定自净能力的生态系统。	

植物湿地净化剖面图

民俗村透视效果图

露营草坪效果图

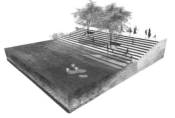

平台挑出式驳岸　　　　　块石/木桩驳岸　　　　　直立式驳岸　　　　　自然驳岸

剖面_驳岸形式

星之塔透视效果图

IDEA-KING
since
2011艾景奖®

THE 8TH IDEA-KING COLLECTION BOOK OF AWARDED WORKS

第八届艾景奖国际景观设计大奖获奖作品

总平面

罍+艺创小镇景观设计

LEI+YI CHUANG TOWN LANDSCAPE DESIGN

设计单位：安徽省城建设计研究总院股份有限公司　主创姓名：程堂明、卢俊超、刘洋、刘基　成员姓名：杨淼、李磊、马彦、杨汉文
设计时间：2017年10月　项目地点：合肥市包河区大圩镇新河村　项目规模：13.48万公顷　项目类别：公园与花园设计
委托单位：合肥滨湖投资控股集团有限公司

节点效果图

节点效果图

节点效果图

设计说明

项目概况：此项目位于合肥市包河区大圩镇新河村，市区与万亩生态农业景区交界处，花园大道与环圩西路交口西北角，南接滨湖卓越城核心区域，紧邻环巢湖国际旅游圈。规划占地约13.48公顷，基地西侧临新河水库，自然环境优美，旅游资源丰富。

设计定位：结合上位总体规划，以因地制宜、特色打造为原则，以低强度开发、差异化发展、自然与文化相融、衍生经济开发为策略，同时兼顾对"罍"文化品牌的延续和升华，着力打造一个集风情民宿、田园风光、特色美食、农家体验、采风问俗为一体的——综合性旅游度假艺创小镇。

设计手法：利用基地周边的新河水库和河道的水体资源，将村庄内的水体疏通及整合，与周边水体进行引水串通，塑造乡村"水宅相依，环水而游"的生态格局，赋予这片场地新的生命活力。

小鸟瞰图

大鸟瞰效果图

节点效果图

节点效果图

节点效果图

节点效果图

夜景效果图

第八届艾景奖国际景观设计大奖获奖作品

THE 8TH IDEA-KING COLLECTION BOOK OF AWARDED WORKS

总平面

黄骅南海公园

HUANGHUA NANHAI PARK

设计单位：北京昂众同行建筑设计顾问有限责任公司　　委托单位：黄骅联投房地产开发有限公司

主创姓名：张乐、徐刚　　成员姓名：陈璇、赵霞、韩彤彦、闫梅杰、朱芳娇、王璐、杨柳、李孟颖

设计时间：2012年　　项目地点：河北省黄骅市　　项目规模：25公顷　　项目类别：公园与花园设计

航拍实景图

和谐广场实景图

设计说明

　　黄骅南海公园作为近年来黄骅市申请国家园林城市的重点建设项目之一，是城市主城区规模最大、功能更多元化的综合性城市公园。设计团队从公园载体的生态性、文化性、参与性三方面切入，通过一环、两轴、三湖、十节点的结构体系组织全园，将原本荒芜贫瘠的项目用地打造成为市民的自然之选、城市的绿色名片。

　　南海公园占地25公顷，空间布局上利用东、西、中三个湖面和两座步行桥将公园有机划分。其中在市政府轴线尽端的东湖内设置音乐喷泉以节庆观演为主导功能，西湖和中湖则以市民水上休闲活动为主并可满足日常行船游览的要求。园内的环湖漫步道已成为城市绿道系统的一部分。景观构筑小品的设计与装饰运用了黄骅当地的渔村剪纸、麒麟舞、冬枣之乡、渔民妈祖文化等本土信息与文化符号。

　　南海公园建成开园以来，已成为黄骅市主城区各年龄段市民日常休憩、健身、活动的综合性场所和自然载体。

实景图

全景实景图

神骅广场效果图

神骅广场实景图

实景图

实景图

观景塔实景图

效果图

实景图

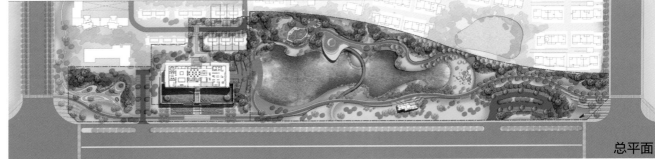

总平面

效果图

文安·文礼公园

WENAN • WENLI PARK

设计单位：重庆道合园林景观规划设计有限公司　　主创姓名：余梅　　成员姓名：陈渝、裴昕、段余、刘强、张云燕、藏人才、李桓企、邹雍雪、张苹、朱海、刘云长、谢春　　设计时间：2017年7月　　项目地点：廊坊市文安县迎宾大道　　项目规模：46887平方米　　项目类别：公园与花园设计

委托单位：华夏幸福·孔雀城

效果图

实景图

实景图

设计说明

　　文礼公园将骑步复合绿道由西至东贯穿全园，并在中心湖区形成慢跑环线。东西两侧分别通过人行步道与周边绿道连接，同时串联起社区慢行道路。沿绿道外侧布置二级绿道驿站，承载厕所、小卖、自行车租赁及停靠、临时休憩的功能。沿迎宾大道一侧共设置两处生态停车场，满足日常游人游园需求。

　　以公园湖区为中心，围绕其四周依照"文安古八景"，结合公园游憩功能，布设八大特色文化景观节点，凸显文礼公园深厚的文化氛围，为市民提供一处集临湖慢跑、林荫休憩、草岸观景的社区公园。

　　设计追溯文安"崇尚文礼"的精神源头，抽象水滴汇聚的自然形态，作为公园由外至内的设计语言，好比文人与水，智者乐水，情寓于水。刚柔并济，游刃有余。以公园湖区为中心，围绕"文安古八景"，结合由西至东贯穿全园的骑步复合绿道，布设八大特色文化景观节点，结合阳光草岸、林荫空间，凸显文礼公园深厚的文化氛围，为市民提供一处集临湖慢跑、林荫休憩、草岸观景的社区公园。与此同时，借助生态植草沟、生态停车场、生态驳岸、透水铺装及雨水花园五大生态净水设施，与中心湖区相互结合，共同构建园区"渗、滞、蓄、净、用、排"的有机水循环体系。全园将"崇文尚礼"的人文底蕴与"自然湿地"的生态措施相结合，贯彻"超级绿道"和"海绵公园"的先进理念，作为文安市民日常舒适的休闲娱乐天地，文安新城全新的门户展示窗口。

实景图

THE 8TH IDEA-KING COLLECTION BOOK OF AWARDED WORKS

第八届艾景奖国际景观设计大奖获奖作品

整体夜景鸟瞰

贵阳·百花湖森林公园

GUIYANG · BAIHUA LAKE FOREST PARK

设计单位：华诚博远工程技术集团有限公司　　主创姓名：何其斌　　成员姓名：罗杰、张伟、王波、白龙、任丽文、陈万家、罗嘉

设计时间：2018年　　项目地点：贵阳·百花湖森林公园　　项目规模：2000亩　　项目类别：公园与花园设计

委托单位：贵阳观山湖投资（集团）旅游文化产业发展有限公司

黄昏透视

白天透视

梯田透视

设计说明

将"天人合一"的理念作为项目核心气质，实现了人文、精神、文化的高度融合。项目提出打造以自然生态为基础的文化艺术高地，形成都市生态文化旅游样板区，打造一个真正意义上的国内一流的休闲度假生态旅游区。

按照现有地形从"湿地——林地——谷地——茶岭"提取四大分区主题"生命之谷"、"成长森林"、"静夜森林"、"神鹊茶田"，构建人与自然无界体系——新自然主义。

场地空间丰富，体验功能健全。体验生态水循环和景观结合、科技展示、水循环净化、水岸休憩为一体的科普观光游体系；构建以麦田景观为背景的营训基地、迷你农场以及自然丛林为基底的户外课堂，形成最亲近自然的亲子教育体验；感受不同风格和类型的居住体验；以原始茶田为主，打造茶文化相关业态。在休闲服务的同时提供教育。

如同大地艺术般的室外展览区中，不断发展、变化的景观让游客的每一次到访都有着截然不同的空间体验。或在林下感受丰富的林冠空间层次，或沿着空中步道穿行林间，或在眺望塔中俯瞰丛林，游客们将看到一个颠覆过往认知的百花湖森林公园。

透视图

透视图4

透视图5

透视图6

透视图1

透视图2

透视图3

IDEA-KING
since 2011艾景奖®

第八届艾景奖国际景观设计大奖获奖作品

THE 8TH IDEA-KING COLLECTION BOOK OF AWARDED WORKS

a　入口区活动场地
b　水井市集
c　竹林歌场
d　特色院落
e　赶山乐园
f　亲耕田园
g　山林营地

1　白鹊山书舍
2　灯歌口述博物馆
3　牛栏手工坊
4　时尚乡土民宿
5　时尚乡土民宿院落 1
6　时尚乡土民宿院落 2
7　时尚乡土民宿院落 3
8　时尚乡土民宿院落 4
9　时尚乡土民宿院落 5

总平面

大地乡居 · 龙船调

BES VILLAGE LI CHUAN

设计单位：北京大地乡居旅游发展有限公司　　主创姓名：马磊　　成员姓名：赵楠、栾志柱、姜天枢、齐义山、王静宜
设计时间：2017年4月　　项目地点：湖北利川　　项目规模：16000平方米　　项目类别：公园与花园设计
委托单位：利川市龙船调民宿旅游开发有限公司

效果图

实景图

实景图

设计说明

　　龙船调是土家灯歌中最广为人知的一首歌。利川土家灯歌处处反映当地人的生产生活，反映对于故乡热土的赞美、眷恋。大地乡居·龙船调项目由一首歌的缘起到新乡土生活方式的构建过程，也是项目从策划、规划、设计再到落地、运营的一个完整周期。项目的场所设计属于整个项目周期的一个阶段，意在为即将发生在这里的一切构建一个最适宜的空间载体。

　　项目地本土建筑除了大家津津乐道的吊脚楼，还有一座座就地取材的土坯房，石头房。在地化的设计不拘泥于符号，更重视在地化的纯粹性，尊重场域内原住居民择居筑屋的智慧。项目依据现状地形，结合房屋空间布局做景观梳理，保留现状原生大树，用竹篱笆、毛石墙等农村特色方式做分隔，打造景观和功能交融的地域空间：

　　一个展示利川乡土生态之美的自然艺术景观空间；

　　一个倡导城乡共创、文化分享理念的白鹊山书舍；

　　一个迷人的土家楼转角楼里的灯歌口述博物馆；

　　一个老手艺与新设计交融的水井市集和牛栏手作工坊；

　　一个灯旖旎、花常开、歌不断的竹林歌场；

　　一个彰显土家人勤劳、勇敢品德的亲耕田园和赶山乐园；

　　一组充满设计感的时尚乡土民宿。

实景图

效果图

宜宾市五粮液园生态治理工程设计

YUBINSHIWULIANGYEYUAN SHENGTAI ZHILI GONGCHENGSHEJI

设计单位：厦门中易城市景观艺术有限公司　　主创姓名：张勇　　成员姓名：黄波、刘丽萍、黄岗岗、成丹、林婷
设计时间：2018年8月　　项目地点：四川宜宾　　项目规模：240公顷　　项目类别：公园与花园设计
委托单位：宜宾市规划局

竹意阶梯效果图

玉米眺台效果图

鸟憩栈桥夜景效果图

设计说明

生态目标：营造山水共融的生态环境；

生态走廊主题：楹语希絮；意境：花开紫色，花絮如云；

群江湿地主题：穗草如茵；意境：蒹葭飞雪，鸟鸣浅滩。

生态靠山主题：春芳秋彩；意境：春花满树，夏叶葱忧，秋山红叶，冬青御寒。

项目位于宜宾县，翠屏区，安埠街道，红岩村，五粮液集团西大门西侧，项目区域包含了防护绿地、水域、林地及农用地，北侧为岷江，东侧为二类工业用地的五粮液集团。

整个园区的"点、线、面"通过景观轴线串联起来，形成了一条主轴线、一条副轴线，沿着轴线上的各景观视线节点向园区望去，整个园区美景尽入眼中。

整体空间以生态、本土植物为主，营造片花片林的植物景观。根据植物在一年四季的生长过程中，叶、花、果的形状和色彩随季节变化，植物类型为三大绿化特色分区。

效果图

IDEA-KING
since 2011艾景奖®

第八届艾景奖国际景观设计大奖获奖作品

THE 8TH IDEA-KING COLLECTION BOOK OF AWARDED WORKS

总平面

贡苑—贡街配套公园

GONGYUAN——GONGJIE PEITAO PARK

主创姓名：程堂明、卢俊超、刘洋、刘基　　成员姓名：杨淼、李磊、马彦、杨汉文

设计时间：2017年10　项目地点：合肥市包河区繁华大道与河北路交叉口　项目规模：100000平方米　项目类别：公园与花园设计

设计单位：安徽城建设计研究总院股份有限公司　　委托单位：合肥滨湖投资控股集团有限公司

节点效果图

节点效果图

设计说明

　　项目概况：项目地块位于合肥市包河区工业园繁华大道与河北路交口东南角灌站地区内基地，占地面积约10万平方米。紧邻贡街-中医文化养生街区，且毗邻包河区政府，距离高铁区不到3公里，区位优势明显。

　　设计定位：通过对场地现状和使用人群的分析，该地块定位为融"休憩娱乐、医药互动、生态教育"为一体的复合型绿地公园。

　　设计手法：将全园水系进行串联，形成一个完整的体系，并通过水系的不同形态——街巷内规则线性、自然中的蜿蜒曲线、开阔的、灌溉渠道等四大类将整个贡园串联起来，以水串联归园、贡街各景观节点。

鸟瞰效果图

1 四里河路入口　　6 儿童活动区　　11 清源路入口　　16 跌水景观
2 沙坑　　　　　　7 凤舞幽幽（湿地）　12 观景挑台　　17 河心岛
3 球类运动场　　　8 生态涵养林　　13 跌水坝　　　18 湿地栈道
4 预留跑酷运动场　9 杉林水岸　　14 绿道休息站　　19 台地入口
5 服务用房　　　　10 亲水栈道　　15 沿河商业木屋

总平面

董大水库溢洪道绿化景观工程设计

THE GREENING LANDSCAPE OF DONGDA RESERVOIR SPILLWAY

设计单位：华艺生态园林股份有限公司　　主创姓名：刘慧　　成员姓名：刘慧、潘会玲、郭传创、荀海东、孟涛、宋晓雪
设计时间：2017年2月　　项目地点：安徽合肥　　项目规模：50万平方米　　项目类别：公园与花园设计
委托单位：合肥市庐阳区市政和园林绿化管理办公室

效果图

效果图

设计说明

活力运动场
——促进优质的生活节奏

郊野绿洲
——城北生态湿地

通过对现状水体、滩涂、湿地及荒草地的整体利用改造，发挥场地优势，改造或规避场地劣势，将生态功能和运动功能最大化的结合，营造环境宜人、野趣横生的运动健身为主线索的主题公园。为缓解汛期防洪压力，项目通过拓宽部分原有河道宽度，增加防汛梯田景观、可体验式的湿地景观等多类型的防汛堤。

效果图

效果图

效果图

1 天水未来广场
2 天水湖
3 天水岛
4 图书馆铃石
5 木栈道
6 观景平台
7 "美观山"
8 "曲溪"烟雨廊
9 "曲溪"瀑布
10 溪源
11 微地形
12 地震
13 银杏树种"自行车停车广"
14 石圈台地
15 地质毛石景观
16 台地景观
17 竹林小径
18 眺望台
19 转折台阶
20 "七星瓢虫下沉广场
21 台地种植区
22 "读书时间"
23 台地毛石景墙
24 太台阶
25 太博园
26 文博园
27 竹林广场
28 思玄园

总平面

防灾科技学院南校区学生餐厅周边环境改造

ENVIRONMENTAL IMPROVEMENT IN INSTITUTE OF DISASTER PREVENTIONOF

设计单位：北京汉青苑园林绿化技术有限公司   主创姓名：张旭庆   成员姓名：杜德伦、沈华英、武京奋、许香君、刘术增、皇甫
设计时间：2017年6月   项目地点：河北燕郊防灾科技学院   项目规模：35亩   项目类别：公园与花园设计
委托单位：防灾科技学院

效果图

实景图

实景图

设计说明

本设计方案来源于自然灵感：火山岩液汇入火山湖形成皲裂波纹具有放射感、发散的无序；地热形成的大底纹路自然、无序极具张力。整个设计规划过程追求自然纹理、常态无序。

在营造软硬件空间的基础上以学院文化为出发点，秉承"崇德博智，扶危定倾"的校训，科学建园。提炼大自然的地质地貌形成的纹路，加以总结提炼形成特有的变现元素。运用现代造园手法，形式感与自然纹理相结合，形成常态的秩序感，强化视觉的冲击，张弛有度，道法自然。

新增绿地东区为"天水园"景观一部分。本设计规划天水园内部园林系统：

天水未来广场：运用地震等级和地震烈度的自然现象，抽象化其区域关系塑造相适应的地震感观，具象化其危害程度和防治方法，预防地震灾害。寓意未来防灾事业任重道远；

天水湖：展示水体的气魄与水体的平和，寓意水可载舟也可覆舟，警示掌握自然规律，合理减灾避难；以构建生物生态平衡为主，以浇灌用水、机械循环、水体磁化、水体曝气、过滤池、沉淀池、植物净化为辅的总体设计方案，达到生态与水情景合一、道法自然、低碳生态的示范人工生态水系；

曲溪烟雨廊：蓝本天水曲溪自然山水风光，廊体配饰李冰修建都江堰工事，减灾造福后人；

麦积山峰：蓝本天水麦积山，"绣我河山，壮我中华"。传统文化瑰宝，世界文化摇篮。

实景图

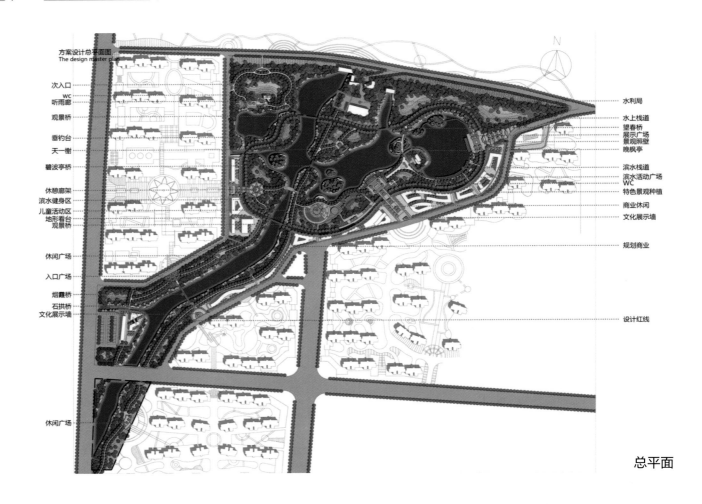

方案设计总平面图
The design master plan

次入口
WC
听雨廊
观景桥
垂钓台
天一榭
碧波亭桥
休憩廊架
滨水健身区
儿童活动区
地形看台
观景桥

休闲广场

入口广场

烟蕴桥
石拱桥
文化展示墙

休闲广场

水利局
水上栈道
望春桥
展示广场
景观照壁
晚枫亭
滨水栈道
滨水活动广场
WC
特色景观种植
商业休闲
文化展示墙

规划商业

设计红线

总平面

五河县龙湖生态公园

WUHE COUNTY LONGHU ECOLOGICAL PARK

设计单位：中徽生态环境有限公司　　主创姓名：黄玉霞、黄玉慧　　成员姓名：柳照辉、陶莹、武柄庆、高强、王小云、陶建军、过阳、谢娉婷
设计时间：2017年9月　　项目地点：安徽省蚌埠市　　项目规模：18万平方米　　项目类别：公园与花园设计
委托单位：五河县城市建设投资经营有限责任公司

效果图

实景图

实景图

设计说明

设计以解决场地问题为出发点，对于现状的高压线路纵横交错、居民休闲空间缺失、水质富营养化、整体生态环境受到威胁等问题进行思考，最终通过雨水湿地与市民康体跑道结合进行设计。公园以湿地生态为主，水体贯穿整个园区，考虑到场地使用人群主要为本地居民，场地水系坑塘、湿地芦苇荡、香蒲水系等生境较好，因此本场地将以居民日常生活休闲与生态修复、体验相结合进行设计。营造出记的起、看得见、触得到、留得住的生态休闲公园。

龙湖公园以湿地生态为主，水体贯穿整个园区，本次设计采用水珠的形态把各个区域合理的分布在周边，再用水波纹理的曲线路段将整个公园串联起来，让整个公园富有动感和活力。

效果图

鸟瞰效果图

新郑产业新城中央公园方案

XINZHENG INDUSTRIAL NEW TOWN CENTRAL PARK PLAN

主创姓名：罗强　　成员姓名：姜晨、侯鑫鑫、周建猷、王军、向开宣、徐鑫
设计时间：2017年　　项目地点：河南 郑州　　项目规模：270000平方米　　项目类别：公园与花园设计
设计单位：阿普贝思（北京）建筑景观设计咨询有限公司　　委托单位：新郑鼎泰园区建设发展有限公司

水镜广场效果图

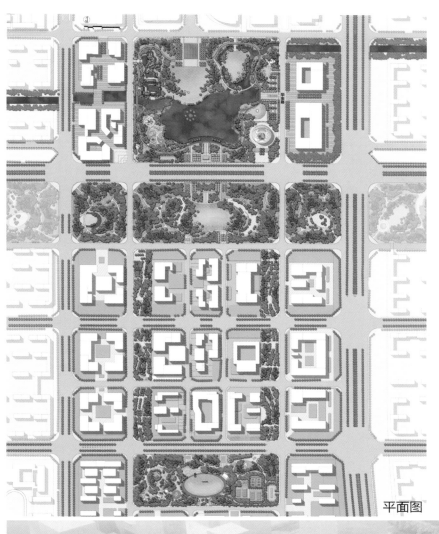

平面图

设计说明

新郑中央公园从全方位多角度打造了"一个让城市与人紧密融合的中央公园""一个消融城市边界的中央公园""一个未来乡村发展样板",我们将幸福的理念贯穿公园的始终,以"融合,绽放"作为公园的核心设计思想,突出公园与周边的紧密依存关系及对区域发展的带动引领。场地保留了现有动植物资源及乡土特色,融入体验互动景观。

公园分为四个区:(1)都市形象区。展示城市创新、科技活力的产业新城形象。其中包含水镜广场、阳光草坪、婚礼草坪、儿童乐园、艺术广场、生态湖区等。(2)城市魅力区,通过全方位营造公园的生态环境与人文情怀的结合,将提升城市的魅力指数,其中包含城市绿道、活力广场、城市魅力展示等。(3)都市生活区,展现产业新城带来的新变化,将城市"新白领"的形象植入到新公园中,其中包含城市多功能绿道,生活体验展示等。(4)活力自然区。将城市活力和自然的特点,全面呈现其中打造城市居民与公园体验高度契合的活力自然区,更多更好地让居民参与其中,体验场地原有的乡野景致以及城市发展变化带来的新的体验和环境,其中包含儿童主题乐园、中心大草坪、综合运动场等。

我们从生态、智慧、共享、开放及历史文化等多元化,多层次和多视角中打造中央公园。

鸟瞰效果图

IDEA-KING since 2011艾景奖®

第八届艾景奖国际景观设计大奖获奖作品

THE 8TH IDEA-KING COLLECTION BOOK OF AWARDED WORKS

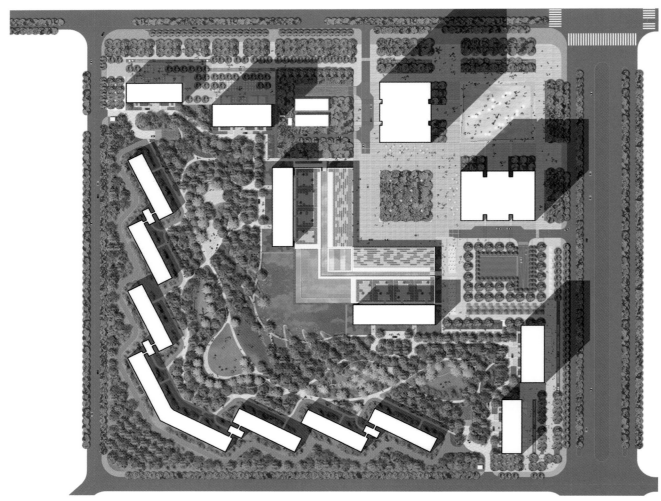

总平面

北京国锐国际投资广场和住宅项目

GUORUI INTERNATIONAL INVESTMENT SQUARE AND RESIDENTIAL PROJECT BEIJING

设计单位：戴水道景观设计咨询（北京）有限公司   主创姓名：Dieter Grau   成员姓名：Stefan Breckmann、金银实、潘苏苏
设计时间：2012年   项目地点：北京市亦庄经济技术开发区   项目规模：90,000平方米   项目类别：居住区环境设计
委托单位：北京国锐投资有限公司

俯瞰实景图

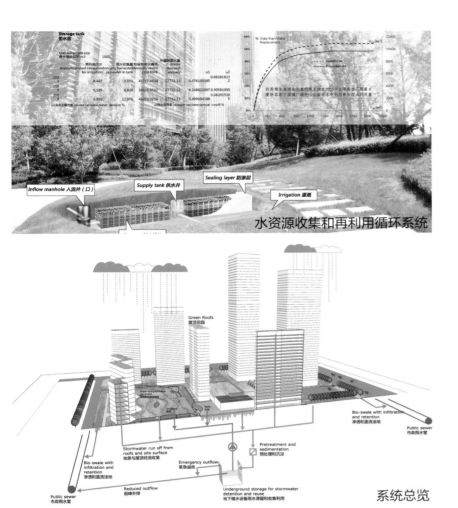

水资源收集和再利用循环系统

系统总览

设计说明

　　国锐金嵿项目位于北京亦庄"CBD"核心区,建设面积约13万平方米,景观占地面积约9万平方米,定义为生态智能国际社区。该项目是集顶级办公、高端住宅、空中花园别墅、LEED铂金会所等多业态于一体的大型城市综合体项目。国锐金嵿将海绵城市理念引入到社区中,同时将水的可持续利用与当代景观设计进行了有效的结合,创造了充满活力的生态景观社区。

　　作为一个占地13万平米大型城市综合体项目,国锐金嵿绿化率高达55%,安博戴水道为业主提供了将雨水控制利用与开发相结合的创新性解决方案,300平方米的生态净化群落每天循环一次。全年平均外排雨水总量由42993立方米减少到23367立方米,基本等于开发前水平。所收集的雨水先去除初期降雨后,可用于灌溉绿地,和补给水体雨水,可以满足全年60%的需求。

　　安博戴水道旨在通过本项目推动多用途开发项目的新模式,静水平台的设计巧妙地反射了建筑及周围环境结构影像,水景喷泉激活了公共广场空间。地下雨水管理系统收集来自屋顶以及公园地面上的雨水为国锐广场中心的湖体提供水源。而生态净化群落不仅维护了高标准的水质,同时还增强了整体室外环境的舒适度。

　　流动公园景观给身住其中的居民们提供了种类繁多的个体休闲以及群体活动空间,通过地形的起伏提供不断变化的园林景致。中心公园丰富的地形以及雨水景观相结合将人们与自然的环境连接在一起,不仅为居住区居民带来身心上的丰富体验,而且向整个城市散发出崭新的活力。

中央湖区实景图

水景喷泉实景图

生态园林实景图

夜景实景图

中央公园步道实景图

周边城市广场

微地形营造中央公园

景观水景与雨洪管理系统的整合设计

剖面效果图

儿童游乐场实景图

IDEA-KING
since 2011艾景奖®

第八届艾景奖国际景观设计大奖获奖作品

THE 8TH IDEA-KING COLLECTION BOOK OF AWARDED WORKS

航拍图

融创银城·盛唐府

SUNAC YINCHENG SHENGTANGFU

设计单位：QIDI栖地设计　　主创姓名：高潮　　成员姓名：聂柯、胡翩翩、张攀、刘轻松、万领、沙涛、郑爱钻、罗莹、萧潇、王永红、罗美琼
建成时间：2018年6月（示范区）　　项目地点：江苏镇江　　项目规模：141266平方米　　项目类别：居住区环境设计
业主设计管理团队：融创上海区域南京公司

礼序入口空间

设计说明

　　设计深挖镇江文化血脉，延续民国时期承上启下、新旧交替、中西糅合的碰撞、混搭与包容的精神，用现代设计手法打造了一个动人的、有故事的居住环境。

　　售楼处前场秉承轴线对称的序列，干净大气的镜水面，凸显入口的大气与尊贵；后场打破常规严谨对称格局，采用自然的手法实现现代（廊架）与古典（建筑）的衔接，让人产生穿越时空的错觉；通过回游式的动线设计实现步移景异的体验。在曲折迂回的廊道中漫步，静静感受性感摩登的民国风情。人游走于长廊和休憩空间，掩映在树林里，赏与被欣赏……充满光阴流逝、怀旧的时光感。

　　池边设置的休憩亭，是整个后场园林场景中打造的生活空间，也是观赏乌桕林的极佳视角。角落的洽谈空间，与水池边的空间形成反差，营造了一种安静私密的氛围。

实景图

实景图

入口细节

入口夜景

实景图

实景图

实景图

后场空间：画中游走

实景图

实景图

枝枝乌桕

漫度时光

IDEA-KING
since
2011艾景奖®

第八届艾景奖国际景观设计大奖获奖作品

THE 8TH IDEA-KING COLLECTION BOOK OF AWARDED WORKS

总平面

丽雅龙城景观规划设计

LIYA LONGCHENG LANDSCAPE PLANNING AND DESIGN

设计单位：南京中山台城风景园林设计研究院有限公司　　主创姓名：陈昱杉　成员姓名：徐东耀、樊晓明、王海霞、谢晓云、戴何琴、魏杨琬澜

设计时间：2016年5月　　项目地点：四川宜宾　　项目规模：13.04公顷，景观面积11.26公顷　　项目类别：居住区环境设计

委托单位：宜宾大地坡丽雅置地有限责任公司

水空间"翠坪雾林"效果图

丽雅龙城景观实景图

设计说明

　　丽雅龙城位于宜宾市金沙江南岸西片区，地块处在宜宾市西向重点发展轴线上，周边青山环抱，三江交汇，自然条件优越，区位优势明显。

　　整个小区空间可分为两类：一类是与城市密切衔接的外部公共空间；另一类是小区内部的宅间组团空间。根据这两类空间不同的性质，选择相应的设计手法进行具体设计：

　　外部公共空间——属于外向型空间，包括沿街商业门前场地和观江平台。采用现代的规划理念进行总体布局，使其与城市更好的过渡。通过营造较大尺度、简洁开放的广场平台等，为人们提供一个以集散、观光、户外交流与休闲健身为主要功能的公共活动场所。

　　内部宅间组团空间——属于内向型空间，以优秀的传统园林手法与现代园林理念结合进行景观布局，突出空间场所的情趣与境界，在有限的空间内创造出无限的意境来。

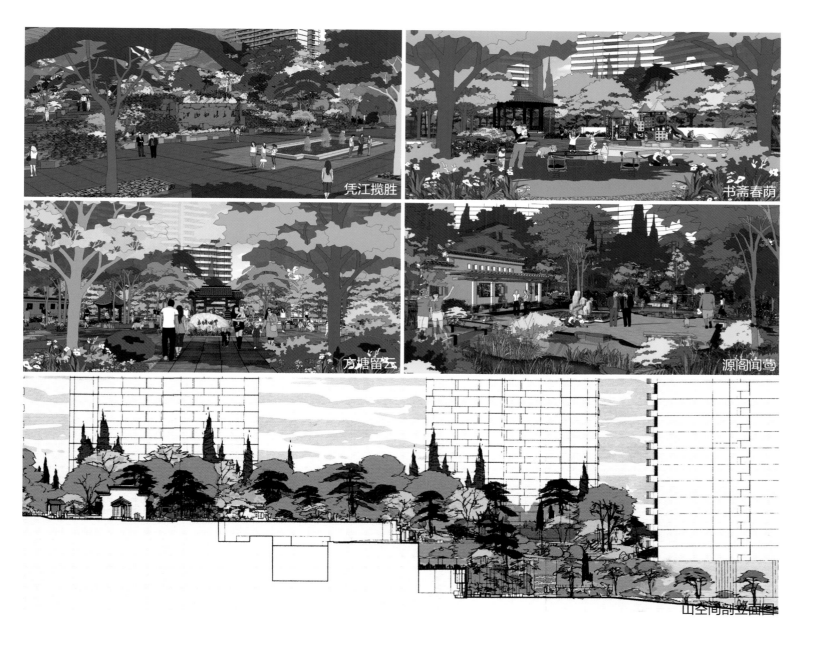

凭江揽胜

书斋春荫

方塘留云

源阁闻莺

山空间剖立面图

IDEA-KING
since
2011艾景奖®

第八届艾景奖国际景观设计大奖获奖作品

THE 8TH IDEA-KING COLLECTION BOOK OF AWARDED WORKS

香榭观鱼

叠泉聆音

书斋春荫

方塘留云

山空间实景鸟瞰图

源阁闻莺

叠翠亭

方塘留云

方塘留云

IDEA-KING
since 2011 艾景奖®

第八届艾景奖国际景观设计大奖获奖作品

THE 8TH IDEA-KING COLLECTION BOOK OF AWARDED WORKS

总平面

惠州千江月展示区

SONGCHENG GUILIN QIANGU SCENE AREA

设计单位：深圳市泛城雅境景观设计有限公司　　主创姓名：张颖轩　　成员姓名：杨伟民、刘杨晨、徐美华、谢楠、张嘉真、周金强
设计时间：2017年6月　　项目地点：广东省惠州市惠博大道　　项目规模：1.6公顷　　项目类别：居住区环境设计
委托单位：深圳市东旭鸿基地产有限公司

入口效果图

展示区入口效果图

展示区入口实景

设计说明

千江有水·千江月是东旭鸿基旗下全新的展示区项目,位于惠州市惠城区。距离惠州会展中心8.8公里,距离惠州站6.6公里,项目周边有惠州轻轨1号线,交通便利。

惠州山多水多,城乡建设依山伴湖、沿江临湖,凸显了惠州独有的自然禀赋特征,极具灵气与生命力。

此次景观的设计,是设计团队对惠州人民的一份邀约:打造江北CBD精英社区,也是泛城雅境景观设计追求更好的"以人为本",东方美学人居生活设计理念的体现。

千江月选址沿袭依山傍水、移步换景的产品理念,由三重山居生活体系组合而成:巧妙借用惠州周围名山相望、秀水相连的山水灵气,为每一位在城市中漂泊奔忙的心灵,营造一份静谧尊贵的生活空间。在这开放空间中,无论是景观漫道,还是窗外云烟缭绕的山峦,真有:一入千江月,归隐山林、恍如隔世之感。漫步于千江月,久居于钢筋水泥下那颗烦躁不已的心似乎瞬间平静下来,展示区里的一草一木,似乎都温柔成诗,让人忍不住多看几眼。

展示区入口实景图

植物搭配实景图

阳光草坪实景图

展示区内庭实景图

内庭门楼实景图

内庭花园实景图

展示区内庭实景图

德信万科·云著

DEXIN VANKE YUNZHU

设计单位：QIDI栖地设计　　主创姓名：孙飞　　成员姓名：聂柯、王志龙、杨进、莫小刚、胡旋、叶茂福、王子文
建成时间：2018年5月（示范区）　　项目地点：浙江温州　　项目规模：24848平方米　　项目类别：居住区环境设计
业主设计研发团队：中梁瓯绍区域公司

云川 尊贵入口

悠渚 水院回廊

设计说明

　　设计从温州的多元化现代风貌中挖掘题材，我们努力去探索"现代温州"的精神内涵，以全新的设计理念来营造富有传统文化精神意境的现代设计空间，打造时代前沿的先锋感，并试图在景观概念上有所突破，着眼于意境营造，情感升华。在环境营造上不单单满足于人的视觉享受，更多的是表达人对更高层次的精神诉求，使环境和心灵都达到"空、灵、静"的唯美境界。

实景图

实景图

实景图

实景图

云朵下的写意空间

实景图

实景图

实景图

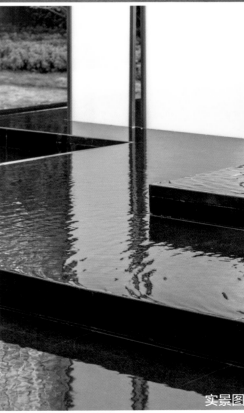

实景图

第八届艾景奖国际景观设计大奖获奖作品

THE 8TH IDEA-KING COLLECTION BOOK OF AWARDED WORKS

总平面

中骏雍景府

ROYAL PALACE

设计单位：优地联合（北京）建筑景观设计咨询有限公司　　主创姓名：由杨　　成员姓名：李安丽、崇晓岭、张哲琦

设计时间：2016年8月　　项目地点：天津市西青区张家窝板块　　项目规模：90627平方米　　项目类别：居住区环境设计

委托单位：天津骏瑞房地产开发有限公司

入口大门实景图

沙庭置石实景图

水台涌泉实景图

设计说明

打造"雍·景·华·府"。

雍：雍容华贵　　景：四季美景

华：花园感受　　府：大宅气韵

前场以"雍景府宅，次第花园，5重递进"为构架，形成客户体验节奏和前场记忆点：

"山水大堂"（期待）——大门区"山水大堂"，待客场所，记忆点——"流动的山水画屏"；

"庭荫落客"（舒适）——浓荫庭院停车落客，移步异景，记忆点——远看"池塘山林"；

"枫林花海"（惊喜）——疏林草地区，湖光山色的美景意向，记忆点——"银红槭与花坡"；

"海棠花径"（亲切）——通往售楼处的秘密小径，记忆点——"繁花树影"；

"金碧华庭"（震撼）——售楼处前场，强调震撼和礼序感，记忆点——"静面水池，倒影如画"。

框景景门实景图

海棠花径实景图

海棠花径实景图

售楼处前场实景图

山石跌水实景图

荟荟获洲
涎涎水乱流
经营岁成月
勾画好田畴
海绸德溪蜜
人烟也市稠
往来生敬设
风俗最故後

鸟瞰

湖州市南浔区和孚镇荻港村美丽乡村小镇（精品村）景观提升改造设计

CONSTRUCTION PLAN OF BEAUTIFUL VILLAGE TOWN (BOUTIQUE VILLAGE) IN DI GANG VILLAGE, NANXUN DISTRICT, HUZHOU

设计单位：华诚博远工程技术集团有限公司　　主创姓名：余岚　　成员姓名：诸葛连福、于颖、胡艳虹、钟沅晖、熊杨华、许静
设计时间：2017年5月　　项目地点：浙江省湖州市南浔区和孚镇荻港村　　项目规模：675亩　　项目类别：居住区环境设计
委托单位：浙江省湖州市南浔区和孚镇荻港村村民委员会

桥北透视图

建筑立面整治策略图

建筑立面整治策略图

设计说明

本次设计范围为中心村范围及入口区域，由运河支流、龙溪港围成的区域，面积约为2.3平方公里，包括桑基鱼塘、荻港鱼庄区域。规划范围为钞钿桥、史家桥、积善桥、三官桥四个自然村及旅游接待区域，面积约为45公顷。重要整治范围为外巷埭、史家桥以及积善桥和钞钿桥区域，面积约为10公顷。核心改造区域为钞钿桥区域，包括北侧村北公路，余庆桥的沿河两岸，面积约为8公顷，户数347户，人口1111人。一般整治范围为积善桥，户数205户，人口656人，三官桥，户数196户，人口627人，桑基鱼塘等区域。

根据《湖州市和孚镇城镇总体规划》荻港村以发展文化旅游、休闲度假为重点，结合凤凰洲开发，形成与镇区联动发展的旅游产业区。

荻港村拥有良好的基础、较高的层次定位决定了荻港村美丽乡村小镇（精品村）建设规划不同于一般行政村，需要体现乡村特色，提升乡村品质，展现乡村特有文化。因此，将荻港村打造成空间有品质、景观有特色、乡村有文化的世界水乡旅游品牌千年古村，形象口号"世界鱼桑、千年荻港"。

运河沿岸透视图

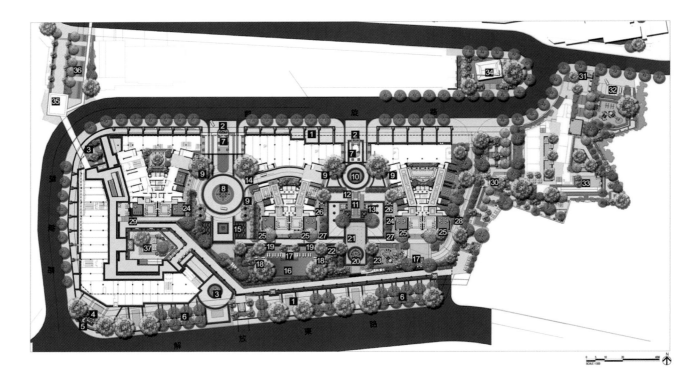

1- 商業街鋪裝 FEATURE PAVING
2- 住宅區入口 RESIDENTIAL ENTRANCE
3- 商業內街入口 INNER COMMERCIAL STREET ENTRANCE
4- 雕塑及景牆 SCULPTURE & WALL
5- 特色水景 WATER FEATURE
6- 景觀樹陣 FEARTURE TREE ARRAY
7- 門樓及崗亭 GATE AND GUARDHOUSE
8- 特色水景 WATER FEATURE
9- 住宅入戶 RESIDENTIAL ENTRANCE
10- 水景采光井 WF & LIGHT WELL

11- 特色階梯 FEATURE STAIRCASE
12- 特色噴泉 FEATURE FOUNTAIN
13- 木平臺 TIMBER DECK
14- 地下車庫入口 BASEMENT ENTRANCE
15- 模紋種植 MOLD PATTERN PLANTING
16- 無邊際泳池 INFINITY SWIMMING POOL
17- 木平臺 TIMBER DECK
18- 休閒躺椅 LOUNGERS
19- 特色景牆 FEATURE WALL
20- 特色水景 WATER FEATURE

21- 陽光草坪 SUNSHINE LAWN
22- 休閒外擺 SEATING AREA
23- 兒童遊樂場 KIDS PLAYGROUND
24- 入戶水景 ENTRANCE WATER FEATURE
25- 漂浮樹池 FLOATING TREE COLLAR
26- 漂浮平臺 FLOATING DECK
27- 特色花盆 FEATURE POTS
28- 景觀卵石園路 FEATURE PEBBLE ROAD
29- 次入口 SECONDARY ENTRANCE
30- 發現軸 DISCOVERY AXIS STAIRS

31- 幼兒園入口 KINDERGARTEN ENTRANCE
32- 停車場 PARKING AREA
33- 風雨操場 PLAYGROUND
34- 藏经阁 CANGJINGGE
35- 凱旋路电梯 KAIXUAN ROAD ELEVETOR
36- 大階梯 GRAND STAIRS
37- 下沉庭院 SUNKEN COURTYARD

总平面

重庆融创白象街1号

SUNAC HASTIN AVENUE IN CHONGQING

设计单位：贝尔高林国际（香港）有限公司　　主创姓名：许大绚　　成员姓名：温颜洁、黄摄秒
设计时间：2014　项目地点：重庆市渝中区　项目规模：30.8亩　项目类别：居住区环境设计
委托单位：重庆融创凯旋置业有限公司

主入口区域效果图

阶梯效果图

阶梯实景

设计说明

本项目位于重庆市渝中区，基于重庆城市的山地特征，本地块高低层次明显，而北区住宅部分作为整个场地地势最高的地方，通过住宅花园望出去，南地块人文街区整体映入眼帘。对于北区豪宅花园的景观设计，不是打造一处独立的平行空间而已，而是作为整个立体空间的最上层。

特色环岛水景构建出主入口区域的整体空间，两个空间入口，一大一小两处圆形环岛以及从而延伸出的道路线条，柔和灵巧。水景环岛效果图巧妙融合采光功能与观赏功能，多面三角形透明强化玻璃组合而成钻石的切面效果，水纹漫过，剔透生动。

水景点缀在休息区域，下沉式洽谈空间包围其间，水面虽小，足以倒影天光云影。利用阶梯衔接高差，融入重庆的城市肌理，草坪尽头连接休憩的廊亭，无尽的视野获得一丝克制，让观赏的尺度获得出乎意料的遮挡。巧妙的是，廊亭不仅作为休憩空间，隐藏在背后的电梯更是充当了连接上下两层平面的载体，用最隐蔽的方式过度高差。

泳池设计也因地制宜，利用高差，融合山城山地特点，让泳池呈现出近乎天际泳池的空间体验。

中心庭院实景图

入户大堂效果图

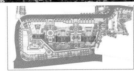

1- 入户水景 ENTRANCE WATER FEATURE
2- 漂浮树池 FLOATING TREE COLLAR
3- 漂浮平臺 FLOATING DECK
4- 特色花盆 FEATURE POTS
5- 景观卵石圆路 FEATURE PEBBLE ROAD
6- 商业内街入口 INNER COMMERCIAL STREET ENTRANCE

入户大堂放大平面图

水景效果图

中心庭院夜景图

1- 無邊際泳池　INFINITY SWIMMING POOL
2- 木平臺　TIMBER DECK
3- 休閒躺椅　LOUNGERS
4- 兒童活動區　KIDS PLAYGROUND
5- 特色水景　WATER FEATURE
6- 陽光草坪　SUNSHINE LAWN

中心庭院放大平面图

水景实景图

总平面

南京绿地 · 海悦展示区景观设计

LANDSCAPE DESIGN OF NANJING GREENLAND HAIYUE EXHIBITION AREA

设计单位：上海墨刻景观工程有限公司　　主创姓名：张晓磊　　成员姓名：阮东、焉峰
设计时间：2018年6月　　项目地点：江苏省南京市浦口区九袱洲路与七里河大街交汇处　　项目规模：9463平方米　　项目类别：居住区环境设计
委托单位：绿地集团江苏事业部

入口

礼之院鸟瞰

水之庭鸟瞰

水之庭卡座区

设计说明

南京——六朝古都，山川灵秀，人物俊彦。本案位于金陵长江北岸，示范区意在营造一种在水一方的静雅，步调缓缓，格栅相称，静水相依，再现文人向往的"纵享山水，闲适自得"的理想居所。

水之庭：水平如镜，犹如画中，人在园中走，如在画中游。在水一方的静雅，步调缓缓，格栅相称，静水相依。

居之宁：入则宁静，居则舒适，转于后场，淡雅入怀，脉脉水景环绕，似明镜，似月明。平和方正的建筑倒影于一片静水之中。在这方寸之地，静谧与艺术共享，雅致与激荡同在。

居之宁：入则宁静，居则舒适，转于后场，淡雅入怀，脉脉水景环绕，似明镜，似月明。平和方正的建筑倒影于一片静水之中。在这方寸之地，静谧与艺术共享，雅致与激荡同在。

游之廊

水中卡座细节

水景

水中卡座细节

水中小径

水中卡座

水景细节

廊架

林下水景

水景细节

水中小径

水滴雕塑

太和道居住区景观设计

LANDSCAPE DESIGN OF TAIHEDAO RESIDENTIAL AREA

设计单位：北京纳墨园林景观规划设计有限公司　　主创姓名：赵玥祎　　成员姓名：王胜男、郑秀涛、张琳琳、卢佳莹、滕菲菲、郭鹏
设计时间：2018年3月　　项目地点：山西省大同市　　项目规模：161亩　　项目类别：居住区环境设计
委托单位：山煤集团大同富利达房地产开发公司

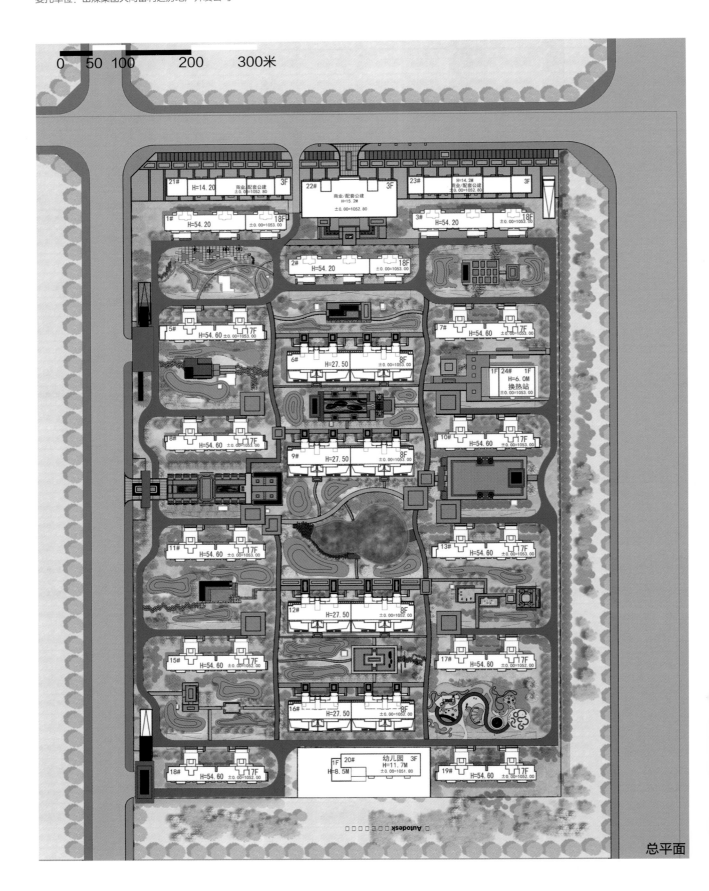

总平面

礼迎

礼迎

设计说明

　　当下，无论古都还是新城，大都处于现代主义美学的浸泡之下。作为城市片段的街巷、庭院，已逐渐失去了城市的性格和往日的温度。山西大同，一座有着千年历史的融合之城，我们试图用东方设计语言诠释现代生活美学。

　　本案位于古都大同的新城区，案名"太和道"。太和者，阴阳会和，天地冲和之气，更有"极致、协调、盛世"之意。道，万物遵循的轨迹。以"太和道"命名地产项目，建设方应是有意将其打造为本地的极致产品。在我们看来，这种极致不是奢华和浮夸，而是阅尽世微、主宰万物的家国情怀。以此定位，景观空间应当厚重而不张扬，独特而不孤傲，简约而不简单。中国园林讲求形神意兼具，本案结合地形，拟态自然，描绘山水，将盛于大同的魏书笔触中抽、顿、驻、翻等运笔方法，结合景观元素形成点、线、面，虚与实的空间关系，将静逸与包容融于时空变幻与生活细微。以此打造至尊至雅的文园府邸。

鸟瞰图

潋樾云憩

半亩塘

主题景观空间的打造，沿袭了传统文人山水的手法，或以优美的诗词作为景观意念，或以祥瑞寓意作为景点命名，描绘情境合一的诗意社区。结合雨水花园等低影响开发思维，以及无障碍、适老性、智能化、邻里观、均好性等因素，综合构建生态宜居的小区环境。

花满枝头

海棠解语

绿漪轩

浮翠园

竹苑浮生

2011艾景奖®

第八届艾景奖国际景观设计大奖获奖作品

THE 8TH IDEA-KING COLLECTION BOOK OF AWARDED WORKS

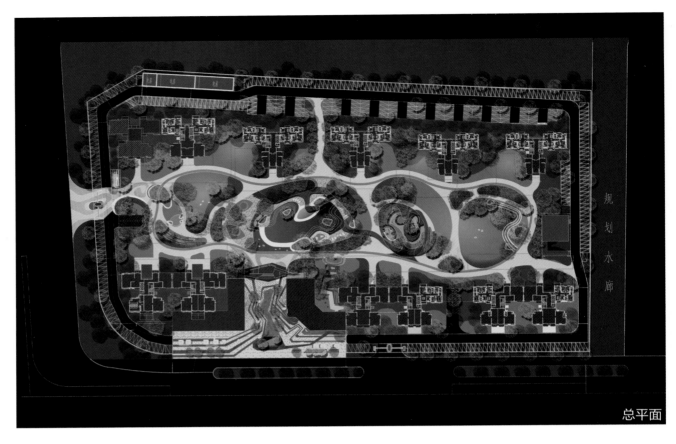

总平面

高明美的城

GAO MINGMEI'S CITY

设计单位：广州域道园林景观设计有限公司　　主创姓名：欧阳雪冰　　成员姓名：赵炳超、叶倩彤、陈俊江、柯方明
设计时间：2017年10月　　项目地点：广东省佛山市高明区杨和镇　　项目规模：45226.5平方米　　项目类别：居住区环境设计
委托单位：美的地产集团

售楼部效果图

入口门楼效果图

入口门楼实景

设计说明

　　高明美的城位于广东省佛山市高明区杨和镇，由美的地产集团委托，广州域道园林景观设计有限公司进行园区景观设计。项目设计始于2017年10月，于2018年5月建成。项目占地45226.5平方米，景观面积39372.83平方米。

　　地块位于广东佛山市高明区。高明地貌为"六山一水三分地"，境内其15条支流横贯全境；森林覆盖率高。曾有"文风甲端郡""彦硕辈出"的美誉。因此，设计提取了"六山·一文·三分田，一林·一云·一水间。"的设计灵感。

　　项目整体结构为一环串五"园"，由一条乐跑环道贯穿了迎客山居、悠然如云、月明如水、奇幻森林、若论谈文、五大空间主题分区，结合美的置业5M健康系统，形成了丰富的空间序列，营造出自然、时尚、健康的生活体验空间。

　　（1）依约前山：本区域作为售楼部昭示性的广场，设计考虑引导性铺装，将人流汇聚至展示区入口，广场上高耸的精神堡垒似乎穿破云间，"美的城"瞬间映入眼帘。（2）月明如水：最具特色的是空中连廊，一段蜿蜒曲折的廊道，干净简约，两侧种植树形优美可触摸的树种，丰富参观者的视觉感受。（3）悠然如云：结合次入口广场打造一个休闲的放松自然乐园。（4）奇幻森林：一个全龄使用的户外乐园（包括家长看护），廊道+乐园这种方式很好地实现了提供多种游戏使用方式，并且能极好地将场地串联为一个连续的整体。（5）若论谈文：在这个区域我们充分尊重大地赋予的完美曲线，微地形、大草坪空间，形成了美的城中的"自然曲谱"。

中心泳池效果图

主入口效果图

泳池廊桥效果图

入口水景实景图

泳池实景

总平面

江门新会保利·西海岸

WEST COAST • POLY JIANGMENG XINHUI

设计单位：深圳市阿特森景观规划设计有限公司　　主创姓名：黄志宇　　成员姓名：刘顺、刘轩、姚家辉、黄海艳、廖健生、梁靖怡、贺骏、何礼娟

设计时间：2017年6月　　项目地点：广东江门　　项目规模：161亩　　项目类别：居住区环境设计

委托单位：保利地产

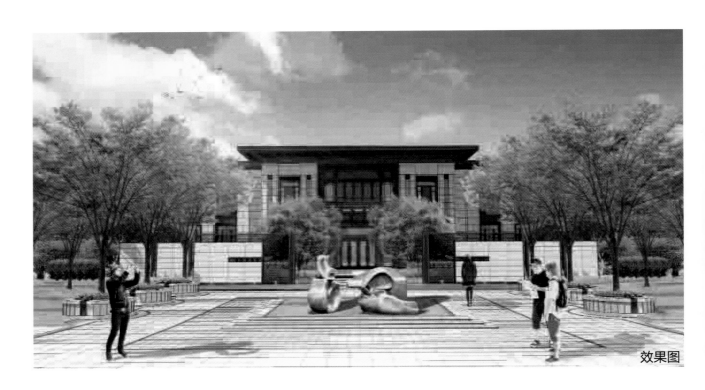

效果图

实景图

实景图

设计说明

铅华尽洗·故里荣归，侨人的湖居生活——江门保利新会。

保利新会展示区位于新会新区核心主轴位置，临近区政府，基地周边拥有优质行政，景观资源。项目连同文化设施、商务办公等功能打造新的城市服务核心，是未来城市重要居住地。可形成完整的生态、旅游景观湾区，发展成为当地城市新地标。

项目希望打造一个融于"侨乡"文化的水居生活，塑造一片独具滨水魅力的宜居地区，让游人体验湖居·岛居·湾居·溪居般的悠情之旅。阿特森设计师充当了自然与城市两者的连接者。在展示区内，引入"以水为邻"的生活理念，以"水文化+华侨文化"为灵感，秉承中式意境，西式表达的设计手法，让新会城市在记忆中重生。

展示区设计注重打造入口景观序列，以多节点景观流线打造体验式景观入口序列。入口处标志性构筑物，突出住区精神堡垒；庭院空间主要以规整式景观为主，突显大气、稳重的氛围；公共活动空间则使用中轴对称明显的流线型构图方式，打造自然、舒适的游园景观；尽头景观引入视线，打造具有吸引力的引导标识；园林式的销售内区，向游人呈现不一样的特色文化水院。

实景图

SCALE 1:2000

N

总平面

三亚葛洲坝海棠福湾

SANYA GEZHOUBA BLESSED BAY

设计单位：贝尔高林国际（香港）有限公司　　主创姓名：许大绚　　成员姓名：温颜洁、黄摄秒、钟先权
设计时间：2016年　　项目地点：海南省三亚市海棠湾　　项目规模：79.95亩　　项目类别：居住区环境设计
委托单位：海南葛洲坝实业有限公司

水池俯视图

南入口效果图

南入口俯瞰图

设计说明

　　该项目为优化项目，贝尔高林的设计师在建筑已完成、景观施工接近尾声的时候开始介入，希望通过对软硬景配置的优化处理，打造出更为理想的景观空间效果。

　　设计师首先打破原有设计中横向纵向两条笔直道路系统，重新整改道路肌理，让从入口进入后的视野不出现一览无遗的单调感。修改原有双车道的方式，只保留4米消防通道，而主要车行道改为南北通行，取消原东西向车道。从而增大整个小区的软质空间，减少硬质铺地。

　　在道路两侧抬高地形，增加植物高度，丰富植物立体层次。之后，打破常规人工造林中最常见的地被种植形式，采用立体绿化的表现形式，以最大的观赏面展示不同质感的下层植物，在密度上相当大胆，着重体现"绿量"。

整体鸟瞰图

IDEA-KING
since
2011艾景奖®

第八届艾景奖国际景观设计大奖获奖作品

THE 8TH IDEA-KING COLLECTION BOOK OF AWARDED WORKS

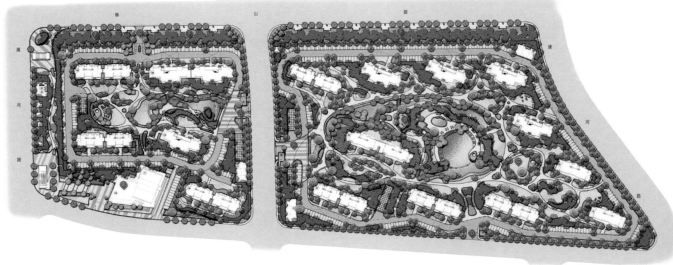

图例 LEGEND

入口区 ENTRANCE AREA
迎宾特色水景 WELCOME WATER FEATURE
拱门 ARCHWAY
特色水景 WATER FEATURE
保安亭 GUARD HOUSE
地库入口 BASEMENT ENTRANCE
入口广场 ENTRANCE PLAZA
停車場 CAR PARK

中央花園區 CENTRAL GARDEN AREA
涼亭 PAVILION
兒童遊樂場 CHILDRENS PLAYGROUND
草坪 LAWN
休憩 SEATING
木平台與座位 TIMBER DECK W/ SEATING
架橋 BRIDGE
特色涼亭 FEATURE PAVILION
眺望台 VIEWING DECK
換衣室 CHANGING ROOM
兒童游泳池 KID'S POOL
健身站 FITNESS STATION
太極廣場 TAI CHI COURT
特色盆 FEATURE POT

宅間花園區 PRECINCT GARDEN
特色涼亭 FEATURE PAVILION
沉下式草坪 SUNKEN LAWN

次入口區 SECONDARY ENTRANCE AREA
保安亭 GUARD HOUSE

售樓處 SALES OFFICE
休憩平台 SEATING DECK
水瀑布 WATER CASCADE
地鐵出入口 MTR ENTRANCE

綠化帶 HEAVY GREEN BUFFER
地鐵出入口 MTR ENTRANCE
特色種植槽 FEATURE PLANTER
標誌板牆與雕塑品 SIGNAGE WALL W/ SCULPTURE
停車場 CAR PARK

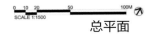

SCALE 1:1500

总平面

苏州仁恒棠悦湾

SUZHOU YANLORD RIVERBAY

设计单位：贝尔高林国际（香港）有限公司　　主创姓名：Robert B. Henson Jr.　　成员姓名：顾甜，Paul Christian T. VIERNES
设计时间：2014年　　项目地点：江苏苏州　　项目规模：117亩　　项目类别：居住区环境设计
委托单位：苏州中辉房地产开发有限公司

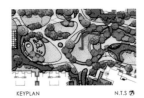

KEYPLAN　　N.T.S

西地块中央花园效果图

西地块俯瞰图

东地块俯瞰图

设计说明

　　苏州素来以山水秀丽、园林典雅而闻名天下，有"江南园林甲天下，苏州园林甲江南"的美称。

　　同时苏州城内河道纵横，故又因其小桥流水人家的水乡古城特色，有"东方水都"之称。

　　苏州仁恒棠悦湾位于新区未来高端住区核心所在，独占中心城区的稀缺滨水资源，依托山、河、江等自然优势，毗邻规划局敲定的8.8公里运河景观带。

　　设计师以此背景蓝本，将"水"元素在景观设计中再次升华，从门口迎宾开始，直至回家的路上都有水景相随，草长莺飞之间，好似将京杭运河那壮观且四通八代的水脉浓缩为一副袖珍的画作。

西地块中央花园实景图

IDEA-KING
since 2011艾景奖®

第八届艾景奖国际景观设计大奖获奖作品

THE 8TH IDEA-KING COLLECTION BOOK OF AWARDED WORKS

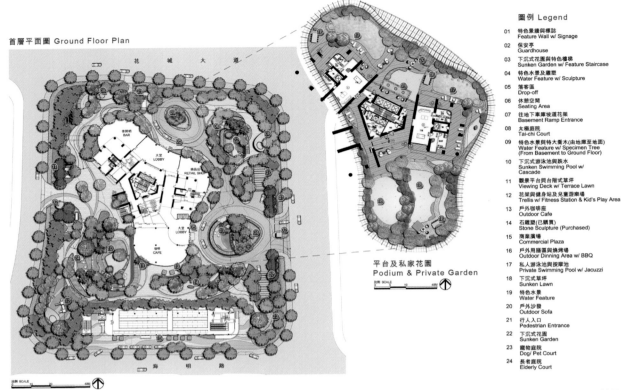

首層平面圖 Ground Floor Plan

花城大道

海明路

平台及私家花園
Podium & Private Garden

圖例 Legend

01 特色景牆與標誌 Feature Wall w/ Signage
02 保安亭 Guardhouse
03 下沉式花園與特色樓梯 Sunken Garden w/ Feature Staircase
04 特色水景及雕塑 Water Feature w/ Sculpture
05 落客區 Drop-off
06 休憩空間 Seating Area
07 往地下車庫坡道花架 Basement Ramp Entrance
08 太極庭院 Tai-chi Court
09 特色水景與特大喬木(由地庫至地面) Water Feature w/ Specimen Tree (From Basement to Ground Floor)
10 下沉式游泳池與跌水 Sunken Swimming Pool w/ Cascade
11 觀景平台與台階式草坪 Viewing Deck w/ Terrace Lawn
12 花架與健身站及兒童遊樂場 Trellis w/ Fitness Station & Kid's Play Area
13 戶外咖啡座 Outdoor Cafe
14 石雕塑(已購買) Stone Sculpture (Purchased)
15 商業廣場 Commercial Plaza
16 戶外用膳區與燒烤場 Outdoor Dinning Area w/ BBQ
17 私人游泳池與按摩池 Private Swimming Pool w/ Jacuzzi
18 下沉式草坪 Sunken Lawn
19 特色水景 Water Feature
20 戶外沙發 Outdoor Sofa
21 行人入口 Pedestrian Entrance
22 下沉式花園 Sunken Garden
23 寵物庭院 Dog/ Pet Court
24 長者庭院 Elderly Court

总平面

广州尚东柏悦府

TOP EAST THE LANDMARK

设计单位：贝尔高林国际（香港）有限公司　　主创姓名：Robert B. Henson Jr　　成员姓名：顾甜，Genato Quevedo
设计时间：2013年　　项目地点：广东广州　　项目规模：24.036亩　　项目类别：居住区环境设计
委托单位：广州宏瀚房地产开发有限公司

主入口效果图

主入口实景图

实景图

设计说明

尚东柏悦府是一座由三个塔楼组成的198米超高层全玻璃幕墙建筑，但是其地块面积只有1.6公顷，如何在有限的范围内最大限度地发挥景观的作用，让景观不仅仅作为建筑的附庸，而是呈现其更广泛的价值，是这个项目最大的出发点。

景观设计中，在各个节点运用了大量轻柔的椭圆形状，让高耸的建筑与地面衔接更加柔和。在动线的规划中，考虑到建筑是由三栋塔楼构成，拥有多个进出口，因此多条人形动线迎合建筑表面曲线，园中道路也使用柔和的曲线，作为一种勾勒，让建筑的横切面与动线自然地融合。

由于基地横向空间有限，因此使用大量下沉式花园，在纵向空间上作为弥补，平衡了地面198米高度建筑与狭小平面的垂直关系。跌水被大量运用在下沉式花园中，在纵向的空间上利用水景幕墙减轻空间深入地表的冰冷感，不仅呈现出高端的品质，更是对建筑与土壤的平衡手法。

水幕汇入阶梯式跌水，在下沉花园沉淀为平静的水景，让地面柔和的景观语言自然地汇入下沉区域，不仅在极小的下沉空间范围内容纳了完整的自然生态，更是让建筑与土壤的关系被黏合得恰到好处。

实景图

IDEA-KING
since 2011艾景奖®

第八届艾景奖国际景观设计大奖获奖作品

THE 8TH IDEA-KING COLLECTION BOOK OF AWARDED WORKS

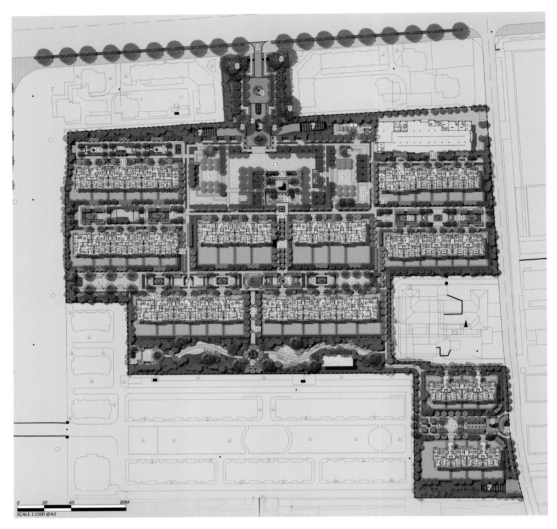

图例
LEGEND

1.主入口
MAIN ENTRANCE

2.保安亭
GUARDHOUSE

3.大闸门
GREAT GATE

4.大型特色水景
GRAND WATER FEATURE

5.台地花园
TERRACE GARDEN

6.下沉庭院
SUNKEN GARDEN COURT

7.地下车库入口
BASEMENT ENTRANCE

8.建议保留大树
SUGGESTIONS TO KEEP TREES

9.特色水景
WATER FEATURE

10.凉亭
PAVILION

11.游乐场
PLAYGROUND

12.特色花钵
FEATURE POT

13.过渡庭院
TRANSITION COURT

14.私家花园
PRIVATE GARDEN

15.特色水景
WATER FEATURE

16.花架
TRELLIS

17.品茗庭院
TEA COURT

18.闲坐庭院
SITTING COURT

19.建筑入口
BUILDING ENTRANCE

20.开放草坪
OPEN LAWN

21.次入口
SUB ENTRANCE

22.宅间景观轴线
COURT YARD AXIS

23.草坪台地
LAWN TERRACE

24.下沉庭院
SUNKEN COURT

SCALE 1:1500 @A3

总平面

天津融创复康路11号

SUNAC MAJESTIC MANSION IN TIANJIN

设计单位：贝尔高林国际（香港）有限公司　　主创姓名：许大绚　　成员姓名：许大绚

设计时间：2014年　项目地点：天津市南开区复康路11号　项目规模：94.5亩　项目类别：居住区环境设计

委托单位：天津天房融创置业有限公司

主入口喷泉实景图

主入口透视图

主入口实景图

设计说明

　　复康路十一号坐落于天津海鸥手表厂故址,比邻南开大学,直面水上公园,东邻天津网球中心,西邻天津图书馆。

　　承法式建筑精髓,将深厚的历史文脉与土地价值融入作品之中,成为见证时间的经典著作。

　　主入口景观为轴对称形式,入口处即可望见中心节点处精致的特色水景喷泉,道路延伸至富有礼仪式和尊贵感的中央台地式花园,整个空间更显庄重礼遇,入口处保留了原手表厂极具标志性的大钟,这不仅是对手表厂精气神的传承,更是对在此奋斗过的几代人的尊重。

　　入口道路两侧做了人车分流的处理,法式浪漫的七重景致徐徐映入眼帘,让人仿佛置身极富异域风情的法式花园之中。

　　超大面积的中央花园简洁开阔,草坪空间让人豁然开朗。其间以小水景做为点缀,搭配季节花卉,黑、红、绿的搭配让尊贵感散发得淋漓精致。

　　下沉会所呈现出一个隐秘空间。从地面、立面的铺装,到水景、灯光、植物的细致搭配,待到夜晚来临,整个空间将变得金碧辉煌,不乏雅致与趣味。

下沉庭院实景图

第八届艾景奖国际景观设计大奖获奖作品

THE 8TH IDEA-KING COLLECTION BOOK OF AWARDED WORKS

IDEA-KING
since
2011艾景奖®

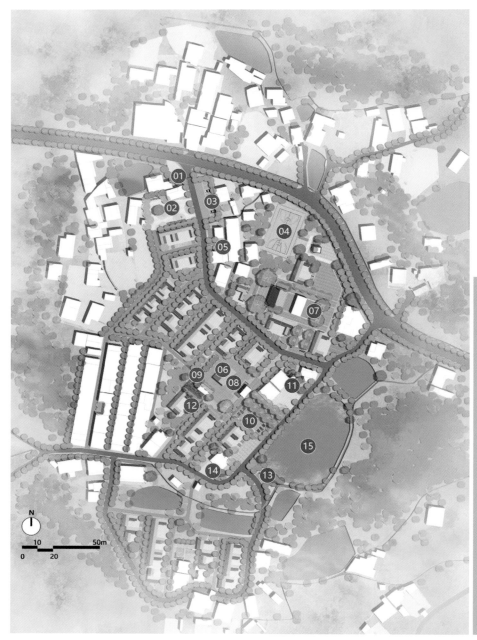

图例

01 入村牌坊
02 休闲小公园
03 生态停车场
04 篮球场
05 邻里空间
06 文化楼
07 休闲广场
08 文化广场
09 花架
10 健身广场
11 儿童游乐空间
12 活动广场
13 景观亭
14 邻里广场
15 池塘

总平面

可续家园美丽田心——乳源瑶族自治县一六镇田心村项目

BEAUTIFUL VILLAGE PLANNING OF TIANXIN VILLAGE, YILIU TOWN

设计单位：北京道勤创景规划设计院有限公司　　主创姓名：王荣　　成员姓名：陈燕明、赵小红、李文枝、曹智方、陆忠华
设计时间：2017年11月　　项目地点：韶关市乳源县　　项目规模：205亩　　项目类别：居住区环境设计
委托单位：乳源瑶族自治县农业局

休闲广场

邻里空间

设计说明

邻里空间为村民提供一个休憩社交的活动平台，花架下摆放石桌石凳，提供休憩纳凉等功能，广场边角处点缀瓦罐小品组合，软化边线，铺装整洁规整，以青砖和方砖等透水性铺装为主。

居民楼为简洁、典雅的客家建筑风格，灰瓦白墙，单独成院，以篱笆结合乡土植物围合建筑，保证一定的私密性，点缀瓦罐、自然石等乡野小品，营造质朴乡土的氛围。

儿童游乐空间设置有沙池、轮胎、秋千、趣味木质景观小品供小孩玩耍，同时摆放了健身器材供成人健身娱乐，旁边设置有坐凳方便大人休息同时照看孩子，体现人性化的关怀。

儿童游乐空间

巷道空间

田心村鸟瞰图

IDEA-KING
since 2011艾景奖®

第八届艾景奖国际景观设计大奖获奖作品

THE 8TH IDEA-KING COLLECTION BOOK OF AWARDED WORKS

鸟瞰图

大名·壹号院景观方案设计

THE OVERALL LANDSCAPE DESIGN OF YI HAO YUAN IN DA MING

设计单位：冀北中原园林有限公司　　主创姓名：于为彩　　成员姓名：高明、孙振凯、王森、刘月月、林姗姗、李荣泊、马丹丹
设计时间：2018年4月　　项目地点：河北省大名县　　项目规模：96181平方米　　项目类别：居住区环境设计
委托单位：大名县昌正房地产开发有限公司

效果图

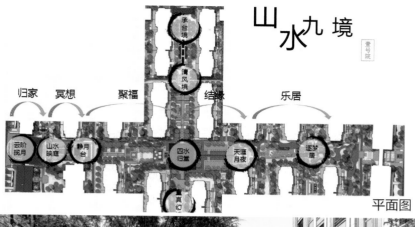

山水九境
壹号院

归家　冥想　　聚福　　　结缘　　乐居

平面图

效果图

设计说明

　　大名·壹号院项目位于大名县城西北，天雄路以北，总用地面积约200亩。建筑类型为新中式风格洋房和高层住宅，景观面积约96181平方米，社区景观营造上秉承中国传统园林造园手法，并将现代元素和传统中式元素结合在一起。将传统官邸雍容华贵的气质与现代人的生活方式相结合，打造一处尊贵华美而又充满诗情画意的新中式当代宜居宜学的生活栖居之地。

　　根据项目整体规划布局，以儒家思想为文化内涵构建"仁者乐山智者乐水"的"新山水"景观框架，遵循东方礼序，叠合千里江山之大境，构筑"两轴、三园、九巷、九境"的递进式专属私家宅邸，提取中式建筑的传统精髓，融入现代设计语言与艺术创作手法，表达传统文化中"四水归堂"的美好寓意，营造"天人合一"的诗意栖居境界。

　　园区内精心打造"平步青云""山水映庭""净月台""四水归堂""天涯月夜""逐梦居""清风境""承台境""童真幻境"等九个景观点形成"山水九境"的景观轴线格局。

　　中国古典园林以其诗情画意著称，融情于景，于方寸间营造天地之大、四时之美，追求天人合一之境。而新中式风格是通过对传统文化的继承和发扬，将现代元素和传统元素结合在一起，以现代人的审美需求来打造富有传统韵味的事物，让传统艺术在家居文化中大放异彩。

效果图

第八届艾景奖国际景观设计大奖获奖作品

THE 8TH IDEA-KING COLLECTION BOOK OF AWARDED WORKS

总平面

西车村美丽乡村景观提升

BEAUTIFUL VILLAGE LANDSCAPE IMPROVEMENT IN XICHE VILLAGE

设计单位：陕西意景园林工程设计有限公司　　主创姓名：李亚哲　　成员姓名：陈剑、吴旭涛、山磊、万翠芳、赵远、张璐

设计时间：2017年7月　　项目地点：陕西西安　　项目规模：23.9亩　　项目类别：居住区环境设计

委托单位：西安市灞桥区建设和住房保障局

效果图

实景图

设计说明

改善农村人居环境、建设美丽乡村是西车村贯彻落实"品质西安"要求，彻底改变西车村环境面貌，全面推进宜居灞桥建设的重大工程。依据陕西省《美丽乡村建设规范》，坚持以农村环境卫生整治为突破，以村庄建设规划为引领，积极落实农村生活垃圾处理、污水治理、卫生改厕、道路畅通、绿色家园、饮水安全、电网改造、民居建设、产业培育、公共服务提升和精神文明建设等工作任务，全面提升农村人居环境质量，基本实现农村生态、经济、社会、文化、政治协调发展，建设宜居、宜业、宜游的可持续发展的美丽乡村目标。

实景图

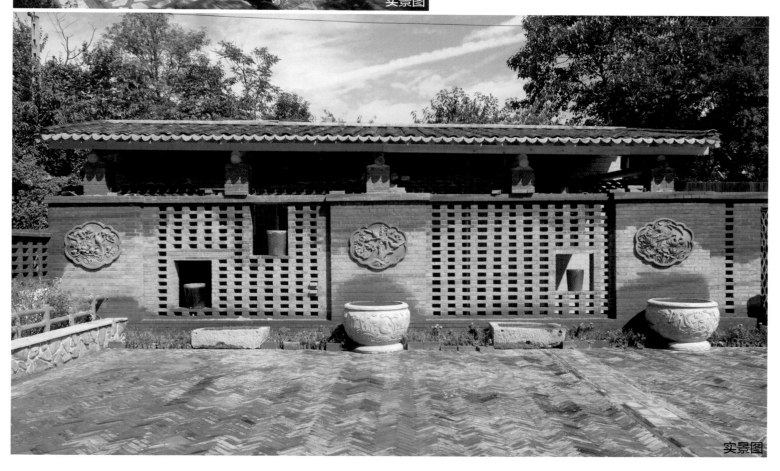

实景图

IDEA-KING since 2011 艾景奖®

第八届艾景奖国际景观设计大奖获奖作品

THE 8TH IDEA-KING COLLECTION BOOK OF AWARDED WORKS

总平面

未来·健康·家——美的花园居住区景观设计

FUTURE·HEALTH·HOME——MIDEA GARDEN RESIDENTIAL LANDSCAPE DESIGN

设计单位：广东天元建筑设计有限公司　　主创姓名：柳红、朱钟伟　　成员姓名：冯文馨、舒容、郑素莹
设计时间：2018年4月　　项目地点：广东肇庆　　项目规模：43640.9平方米　　项目类别：居住区环境设计

空中连廊效果图

健康慢跑区效果图

水悦广场效果图

设计说明

　　项目基地位于广东省肇庆市鼎湖区，鼎湖的历史源远流长，鱼塘分布密集，以农牧业为主发展起来，部分村庄的历史古老且数量较多。随着社会的日益发展，鼎湖区人们的生活随之改变，追求现代化、舒适居住生活的人越来越多。

　　本案从"未来""家"和"智慧健康"角度出发，模拟鱼塘的布局规划小区组团景观，包括水悦广场、风筝草坪、空中廊架和静思花园等，并围绕园区设置了健康慢跑道将组团景观串联起来。儿时的村庄都有宽阔的田野，清澈的小溪，邻居老人们都围坐一块聊天，这种种乐趣在现代社区却渐渐消失。

　　我们希望通过对园区的设计，能让孩子们在风筝草坪找回奔跑的乐趣；老人们能坐在静思花园一起闲聊，逐渐找回聚在一起的氛围……

　　我们设计的，既是社区家园，亦是另一种形式的"村庄"。并在园区内运用科学技术，全园覆盖"天使之眼"、Wi-Fi网络以及户外充电等，旨在给住户提供一个智慧、健康且温情与现代化并存的人性化未来家。

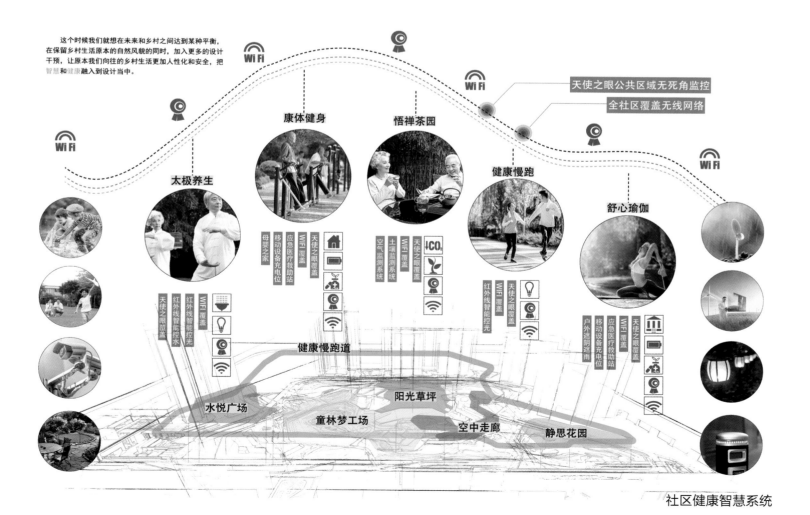

社区健康智慧系统

第八届艾景奖国际景观设计大奖获奖作品

THE 8TH IDEA-KING COLLECTION BOOK OF AWARDED WORKS

总平面

绿城·涡阳青牛广场

GREENTOWN · GUOYANG QINGNIU SQUARE

设计单位：杭州绿璞园林景观设计有限公司　主创姓名：刘斌、骆荣泉　成员姓名：黄文廷、钱红菊、陈良、郑剑师、张敏捷、孙列红、周鹏程、李辉、荣丽

设计时间：2016年12月　项目地点：安徽涡阳　项目规模：144亩　项目类别：居住区环境设计

委托单位：安徽绿徽置业有限公司

效果图

效果图

设计说明

涡阳青牛广场地处城市中心区域，是聚集人流量的城市商业空间，我们致力打造一个集"地标性综合体""一站式城市客厅""休闲康体聚集地""体验式商业中心"，打造一个体验式商业中心，拥有尺度怡人的景观环境。方案设计了形象广场入口空间，可营造氛围的旱喷和特色水景、聚集人气的活动广场、亲子活动体验区、阳光跑道、青少年拓展区、篮球场、羽毛球场等活动场地，由此形成一个现代而又热闹的活力商业空间。

以体育休闲为主题，营造亲子、运动、休闲的市民活动空间，将商业广场与城市公园进行无缝对接，把购物体验和休闲运动较好地融合，使公园的运动空间与商业行为相互渗透，在公园休闲活动时能够享受便捷的商业购物需求，同时在购物体验之余，也能够参与公园的亲子健康活动，两者的相互融合和渗透是本项目的设计亮点及优势。

效果图

效果图

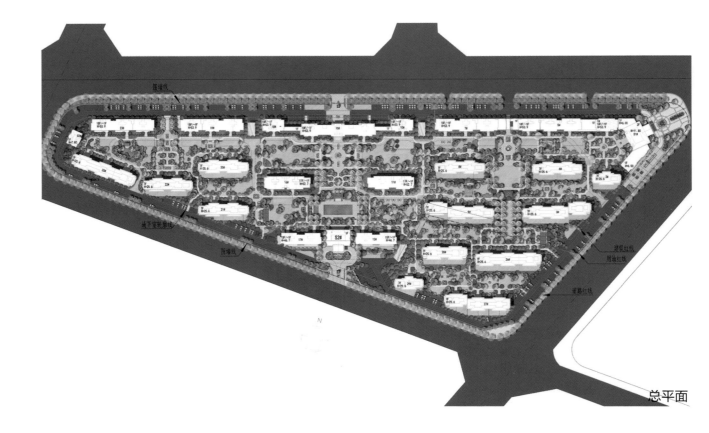

总平面

绿城·夏邑兰园

GREENTOWN·XIAYI LAN GARDEN

设计单位：杭州绿璞园林景观设计有限公司　主创姓名：刘斌、骆荣泉　成员姓名：黄文廷、钱红菊、陈良、郑剑师、张敏捷、孙列红、周鹏程、李辉、荣丽
设计时间：2018年4月　项目地点：商丘市夏邑县　项目规模：146.22亩　项目类别：居住区环境设计
委托单位：商丘绿实置业有限公司

效果图

效果图

效果图

设计说明

　　景观设计尊重场地，因地制宜，寻求与场地和周边环境的密切联系、景观风格与建筑风格密切联系，从而形成整体的设计理念。

　　景观采用法式新古典风格进行设计。在传统美学的规范之下，运用现代的材质及工艺去演绎传统文化中的经典精髓，使景观不仅拥有典雅、端庄的气质，并具有明显时代特征。景观设计将怀古的浪漫情怀与现代人对生活的需求相结合，借鉴"大气""典雅""浪漫""自然美"的灵感，运用合理的设计手法完成法式新古典风格的景观设计。迎宾大堂前的水景与水钵，形成了示范区"大气""典雅"的风格；展示区及全区通过更自然的景观设计打造出"浪漫""自然美"的景观空间。在植物造景上，在达到良好展示效果的同时，注重时效性因素，注重植物随时间变化的效果，以塑造随时间延续而可以更新的、稳定的景观空间。

效果图

总平面

鄂州莲湖锦城三期景观方案设计

LANDSCAPE DESIGN OF LIANHU JINCHENG PHASE III

设计单位：武汉易胜和设计有限责任公司　　主创姓名：戴佳　　成员姓名：谭露、陈育清、陈亦诺、刘艺
设计时间：2017年9月　　项目地点：湖北武汉　　项目规模：90亩　　项目类别：居住区环境设计
委托单位：北大资源

效果图

效果图

效果图

设计说明

　　莲湖锦城的设计，以"莲"为主题元素。其缘起从以下三个方面总结而来，其一，基地地处武汉红莲湖风景区的地域特色；其二，主力受众群体所属的阶层象征；其三，传统文化的传承与延续。莲台，皆（阶）有境。莲：花中君子，清幽出众皆（阶）：阶层——阶段——阶梯。境：物镜——情境——意境将现代与中式进行完美演绎。

　　四大功能分区中体现着十大主题情境。主入口区的主题为映水红蕖，通过大面积的水景和莲主题的雕塑来装置核心中轴空间并展现社区设计的核心理念。核心景观区中的主题分别为，溯流于飞体现流水高差变化的视觉听觉感受；曲境嫣红为静谧的空间创造恰到好处的点缀。疏石兰芳创造雅致浪漫的景观空间感受，植物搭配层次丰富。此外还有空间上的溪亭沐风、荷境拾幽。

　　功能区上通过鱼戏莲间、珠辉萤火、荷风竹露三个元素来设计。在项目中为儿童的嬉戏创造更多的机会和空间。在丰富多彩的景观层次中展现空间中丰富的趣味性，风格上又不失浓郁的中式禅意感。

　　入户区的风格用清莲菡苕，红妆绿黛。在雅致尊贵，仪式感和归属感中，创造宜静宜动的归家体验。

效果图

江湾碧水　雅境自然

江湾城·澜岸

JIANGWAN BISHUI YAJING NATURAL QIJIANG BAY CITY

设计单位：宏义集团
项目地点：四川
用地面积：11万平方米
设计时间：2017年

设计说明

本项目位于达州滨江新区，独享张家坝半岛，面观凤凰山，背枕犀牛山，东临明月江，西靠州河，于两江交汇处饱览江景，勾勒西南湾区轮廓。

以"一岛、两江、三核心、四板块"的城市高端生活综合体，铸就达州城市封面、崛起达州"特大城市"标注新繁华中心。

景观设计叠合建筑本身质感，追溯空间场地与情感相系源头，提取"江流"作为景观文化背景，用"曲、直、疏、密"写意设计语言，结合前沿现代造园手法，以江湾碧水为形，雅致灵动为境，情怀自然为韵，利用江水形态为主题造园，通过景观设计再塑江湾人家悠远意境，拉近人与自然天人合一关系。

中庭区360平方米下沉式空间以"江流"为主题，微地形营造多层次植物溪谷，与无边界观赏水景交相呼应；植物景观通过合理配置下层花灌木、削减中层灌木、强化上层模式，形成了独特的绿地植物群落景观空间艺术形式。

第八届艾景奖国际景观设计大奖获奖作品

THE 8TH IDEA-KING COLLECTION BOOK OF AWARDED WORKS

径山镇绿景村休闲度假项目设计总平面图

图例
新建主要车行道
新建次要车行道
新建步行道路
已有市政道路

总平面

杭州绿景堂生态园景观规划设计

HANGZHOU LVJINGTANG ZOOLOGY PARK PLANNING DESIGN

设计单位：上海骏地建筑设计事务所股份有限公司　　主创姓名：徐倩　　成员姓名：陆争艳、杨帅、池杓霖
设计时间：2017年　　项目地点：浙江 杭州　　项目规模：32公顷（规划总面积）　　项目类别：园区景观设计
委托单位：杭州利川生态农业开发有限公司

生态度假区效果图

企业会所效果图

企业办公区效果图

设计说明

绿景堂生态园项目位于杭州市径山镇绿景村,毗邻山体,西北为水库。区内山丘起伏,农田,茶园散布其中,地形变化丰富,有众多水塘和溪流,项目历经十余年的自然涵养与农科研发,建成后将成为"农庄式生活目的地"。

绿景堂90%以上的森林覆盖率,精心打造一个规划面积6500余亩的生态庄园经济,自然生态林3800余亩,竹林1300余亩,茶园600余亩,果园750余亩,苗木100余亩,红枫、红豆杉、桂花、樱花、茶花等,园区拥有三条独立水源,天然零污染。

项目立足基地资源条件,以原生态水源与山体环境、田园景观为基础,以农业体验、生态餐饮、观光旅游为核心,强化农业产业化特色,提倡绿色低碳生活,融入乡土文化气息,营造一个自然、生态、宁静的心灵栖息地。

鸟瞰图

实景图

茶田效果图

实景图

实景图

酒店效果图

实景图

山南市洛扎县拉康镇拉康社区边境小康村村庄规划

VILLAGE PLANNING OF FRONTIER WELL-OFF VILLAGE IN LAKANG TOWN, LUOZA COUNTY, SHANNAN CITY

设计单位：四川大学工程设计研究院有限公司　主创姓名：张子琪、周璇、宋泞利　成员姓名：康竹丹、杨洁、刘海涛、贺然
设计时间：2018年2月　项目地点：西藏山南市洛扎县拉康镇　项目规模：29.64公顷　项目类别：园区景观设计
委托单位：西藏山南市洛扎县人民政府

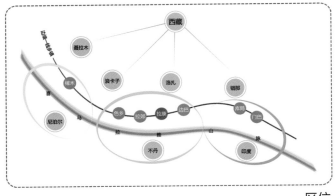

区位

设计说明

　　梳理聚居区现有空间肌理，充分尊重自然环境格局，利用适宜建设的土地，结合高差变化及两条冲沟，采用多组团式布局，形成四个居住组团及一个以枯廷拉康为核心的旅游服务中心，预留可建设用地范围内的不宜建设用地作为绿楔。随等高线变化，整体构建3~4台建设用地，使土地得到充分使用，同时保留卡久山山形。

布局意向

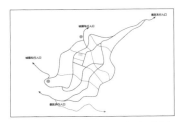

人车分流

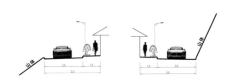

道路断面

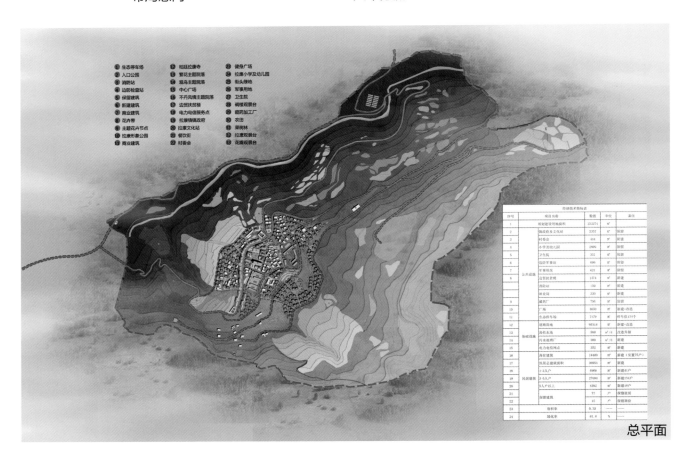

总平面

鸟瞰效果图

　　结合土地利用规划及地形，在规划车行道基础上，纵向步行道以梯步从下至上贯穿，最终汇于聚居区南侧聚居区制高点的碉楼观景台，将各地块划分为形态优美的花瓣，位于聚居区中的镇政府、商业中心、小学分别形成旅游服务蕊、教育服务蕊、行政服务蕊，两侧的散落于卡久山的梯田，即是给予花朵能量的绿叶。

　　一朵幸福之花——格桑花，在卡久山上悄然绽放，形成一派"谷深云雾渺，山涧鸟音稠。宗山神庙立，花香洗客愁"的景象。

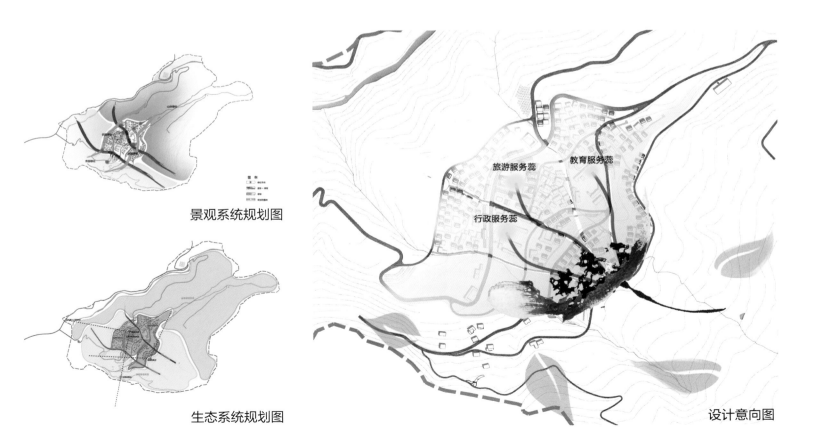

景观系统规划图

生态系统规划图

旅游服务蕊

教育服务蕊

行政服务蕊

设计意向图

第八届艾景奖国际景观设计大奖获奖作品

THE 8TH IDEA-KING COLLECTION BOOK OF AWARDED WORKS

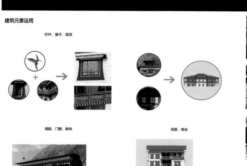

建筑元素运用

栏杆、窗子、屋顶

墙面、门窗、装饰

民居、商业

拉康屋面　　　不丹屋面　　　藏式传统屋面

拉康窗户　　　不丹窗户　　　藏式传统窗

拉康栏杆　　　不丹栏杆　　　藏式传统栏杆

拉康梯子　　　不丹梯子　　　藏式传统巴苏

商业街效果图

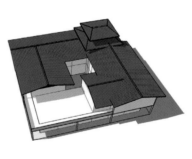

建筑元素分析

民居效果图

入口形象公园效果图

中心广场效果图

图例

01 入口牌坊	09 民宿组团	17 保留寺庙
02 游客中心	10 保留白塔景点	18 文化公园
03 景观水系	11 玉麦精神展览馆	19 景观索桥
04 酒店	12 乡政府	20 黑帐蓬度假屋
05 生态停车场	13 一站式服务大厅	21 滨河景观
06 观景亭	14 学校	22 保留厮转房
07 生态厕所	15 卫生站	23 格桑花广场
08 度假木屋	16 景观大道	24 景观栈道
		25 发展预留用地

总平面

山南市隆子县玉麦乡边境小康示范乡规划

THE BORDER WELL-OFF DEMONSTRATIVE VILLAGE PLANNING OF YUMAI VILLAGE LONGZI COUNTY SHANNAN CITY

设计单位：四川大学工程设计研究院有限公司　　主创姓名：王阳、郎帅、周璇　　成员姓名：康竹丹、刘琴琴
设计时间：2018年5月　　项目地点：西藏山南市隆子县玉麦乡　　项目规模：10.54公顷　　项目类别：园区景观设计
委托单位：西藏山南市隆子县人民政府

设计说明

规划形成"一心、一轴、一带、五区"的功能结构：

"一心"：将公共设施集中布置，形成综合服务中心；

"一轴"：依托村庄中部纵向道路，结合布置商业等设施，形成主要发展轴；

"一带"：滨河观光景观带，合理利用玉麦雄曲沿岸良好的生态和景观资源，结合停车场、公厕、绿地的设置，形成主要的生态景观区域；

"五区"：根据各个功能组团，配套相应设施，形成五大功能区域，北部为旅游服务配套区，规划建设游客服务中心、酒店、停车场等设施；中部为两个民宿发展区，配套商业设施，结合家庭民宿发展旅游接待；依托现有寺庙及周边区域，形成生态文化公园景观区，配套游憩设施，为村民及游客提供休闲场所；南部形成村民主要的生活聚居区。

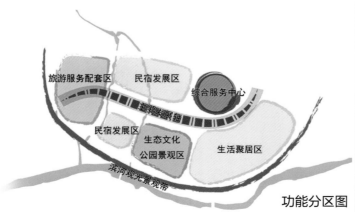

功能分区图

　　建筑总体布局结合用地条件及地形起伏，因地制宜，靠山面水，以行列式布局为主，局部围合形成组团院落，建筑平面以"凹"字形和"一"字形为主，这样既能争取有利的日照、采光、通风，又有安静的空间、庭院，建筑群组合也较灵活多变，同时也有效节约了用地。住宅与公共建筑结合当地传统建筑特点，采用坡屋顶，适应当地气候和降水需求，住宅局部二层运用退台处理手法，形成晒台使建筑立面样式更丰富；开大窗满足日照和采光要求，外墙采用文化石粘贴工艺，同时运用当地民居装饰风格，让建筑更加融合地域，展现当地特色。

鸟瞰效果图

夜景鸟瞰效果图

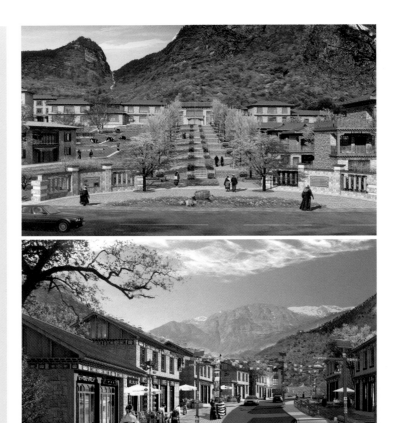

在项目总体建设布局上，充分考虑了基地与周边环境及道路的关系，以及建筑在总体上的视觉效果，同时强调建筑、环境、景观及人的行为模式等诸多因素，通过多要素结合，营造出良好的总体空间与功能布局，以及居住环境安静祥和的氛围。

活动空间结合功能区划分级组织，规划区中心公共区域，白塔、寺庙、民宿广场等公共空间开敞大气，给居民提供一个集会、娱乐健身等多种功能的活动场地。住宅组团围合成半私密半开敞的休闲活动空间，便于邻里交往，增进感情。同时注重公共活动空间的环境设计，处理好建筑、道路、广场、绿地和小品之间及其与人的活动之间的相互关系，丰富与美化环境。

商业街效果图

入口分区效果图

乡政府效果图

游客中心效果图

入口效果图

民居效果图

IDEA-KING since 2011艾景奖®

第八届艾景奖国际景观设计大奖获奖作品

THE 8TH IDEA-KING COLLECTION BOOK OF AWARDED WORKS

总平面

宋城桂林千古情景区

SONGCHENG GUILIN QIANGU SCENE AREA

设计单位：杭州现代环境艺术实业有限公司　主创姓名：陈军士　成员姓名：陈彬、李兆昱、陈杰
设计时间：2017年6月　项目地点：广西壮族自治区桂林市阳朔县　项目规模：161亩　项目类别：园区景观设计
委托单位：宋城集团

入口分区效果图

榕树攀爬效果图

阳朔古村实景

设计说明

桂林阳朔千古情景区位于广西壮族自治区桂林市阳朔县千古情大道，由宋城集团委托，杭州现代环境艺术实业有限公司进行园区景观设计。项目设计始于2017年6月，于2018年7月建成。项目占地161亩，景观面积56.52亩。

景区继承了宋城一贯的风格，以桂林当地文化，如桂林山水、民间传说等为主题，结合特色建筑及歌舞表演，打造出"给我一天，还你千年"的"千古桂林"。

景区由三号秘境综合体、阳朔古村、四号海湾、主题演艺秀片区四个主要区块组成。景观设计风格以古朴、自然为主，通过采用塑石、茅草、当地石材等生态材料及大榕树、古树等元素，力求营造一个生态并具有亲和力的氛围。同时针对几个主要节点进行重点设计：利用景区入口的枯山水元素及地面波浪形铺装将瓯江的意境引入景区；城门楼区块设置跌水景观及樱花林，以丰富景观层次并作为景区的视觉焦点；阳朔古村在以柳树为行道树的基础上散点状布置梅树、桃树等古树，并结合宋时牌匾、油纸伞等小品来营造古村氛围；家乡的小溪在空间上作为瓯江支流与四号海湾的连接，并为后者营造具有亲和力的氛围。

家乡的小溪效果图

2011艾景奖®
THE 8TH IDEA-KING COLLECTION BOOK OF AWARDED WORKS
第八届艾景奖国际景观设计大奖获奖作品

四号海湾俯瞰效果图

剖面 | 榕树攀爬加跌水景观

入口分区效果图

阳朔古村效果图

剖面_四号海湾

四号海湾实景

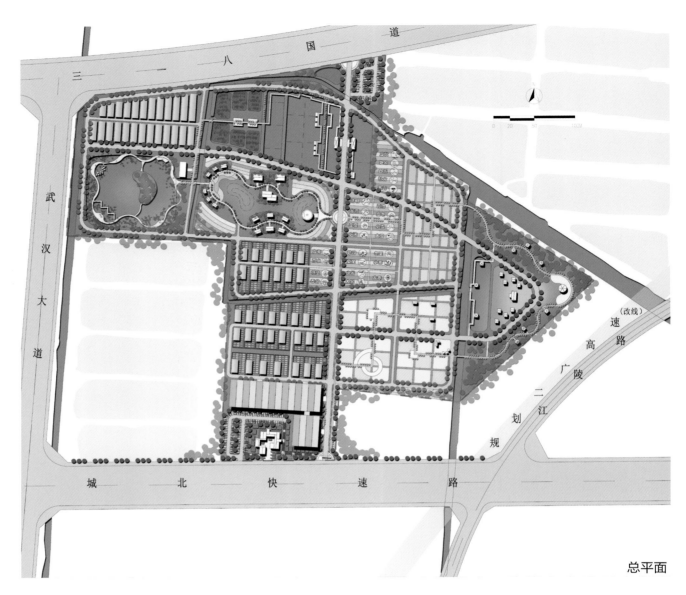

总平面

荆州高新区开心农场农业体验示范区规划

HAPPY FARM AGRICULTURAL EXPERIENCE DEMONSTRATION AREA PLANNING OF JINGZHOU HI-TECH ZONE

设计单位：武汉现代都市农业规划设计院股份有限公司　　主创姓名：王静　　成员姓名：林育敏、董桥锋、肖彩虹、毕操、夏成果、幸曼曼
设计时间：2018年4月　　项目地点：湖北省荆州市荆州高新区　　项目规模：266亩　　项目类别：园区景观设计
委托单位：湖北省华中农业高新投资有限公司

管理接待中心及智能温室效果图

现代农业研发试验中心效果图

蔬菜认种基地效果图

设计说明

荆州高新区开心农场农业体验示范区项目位于湖北省荆州市荆州高新区核心区，项目规划面积266亩，总体围绕"江汉桃源"这一主题，以"融入周边，带动区域；生态农业为基，都市认种为特；美丽田园为韵，农耕文化为魂"为总体规划设计理念，以特色种植（有机再生稻、绿色蔬果、特色花木、生态水产养殖）为基础，以"水、田、文化"为载体，规划建设集"综合管理接待服务、现代农业研发试验、都市农夫认种体验、私人农庄及采摘体验、户外露营休闲体验、水产养殖及渔趣体验、乡村研学科普教育"等七大功能于一体的现代化农业休闲体验园区。同时提出"悦水、趣田、益智、享文化"四大规划策略，其中"悦水"即通过连通水网构建园区"复绿—治水—育土—建景"的湿地生态系统，"趣田"即通过蔬菜花园景观以及创意农田艺术景观的打造提升园区的美观度和趣味性；"益智"即通过现代农业技术的应用（基质栽培、节水灌溉、水肥一体化、光伏太阳能技术、物联网监控技术等）彰显整个园区的现代农业科技含量；"享文化"即通过植入具有荆州本地特色的乡土文化、莲文化、渔文化等增加整个园区的文化氛围。项目规划总投资约为3000万元，规划按照2年时间的投资建设，实现项目区从成型到成势的转变，进而成为荆州市现代农业休闲体验示范园。

总体鸟瞰效果图

观景亭及私人农庄效果图

稻田认种效果图

渔文化科普馆效果图

<![CDATA[["

总平面图

原江扬造船厂办公区景观改造工程

THE OFFICE AREA OF ORIGINAL JIANGYANG SHIPYARD LANDSCAPE RENOVATION

设计单位：美尚生态景观股份有限公司　　主创姓名：雷磊　　成员姓名：周芳蓉、金凤、周佳音、严凝盈、范旧生、范杰
设计时间：2018年6月　　项目地点：江苏省扬州市　　项目规模：20900平方米　　项目类别：园区景观设计
委托单位：扬州湾头玉器特色小镇项目公司

总鸟瞰图

商务办公区效果图

商务办公区夜景效果图

设计说明

原江扬造船厂办公区改造工程项目是扬州湾头玉器特色小镇PPP项目的一个组成部分，项目总规划面积20900平方米，景观规划设计面积为14803平方米。设计改造充分利用现状江扬船厂建筑立面，结合景观及现状植被资源，赋予建筑新的功能业态，重保护和利用，体现民国建筑风情，结合海绵城市理念，打造一块别有特色的集餐饮、办公、接待、展示功能的特色园区。改造后成为扬州湾头玉器小镇特色景观之一，从而成为产城融合新型空间平台的一部分。

项目位于扬州市广陵区湾头镇，东侧为江都区，处于京杭运河与芒道河之间，中部有廖家沟大河穿镇而过，水域资源丰富。东与江都市接壤，南与广陵区产业园区相连，西濒京杭大运河，北至新老运河交汇处，是整个湾头玉器特色小镇的景区门户。

地块位于湾头镇长安路南侧，原江苏江扬船舶集团有限公司地块，现状地块东侧、南侧、西侧为民宅，北侧为隋苑（丝路玉成文化艺术中心—暂定名）。

将原江扬造船厂办公区改造成工业遗址产业园与休闲区，打造成融玉器产业的创意办公与产业培训、休闲餐饮、青年旅社、文化交流、和其他休闲商业为一体的双创产业园。

景观以"以绿为本，以花为缀，以玉添景，以水增趣"为设计理念，根据建筑业态分布特征将场地景观划分为三大区域（商业休闲景观区，行政办公景观区，商务办公景观区），三大区域各自独立而又互相联系，共同构成一幅自然和谐的绿色景观，使全园整体层次清晰，特色分明。

商务办公区鸟瞰图

商业休闲区效果图

剖面_商业休闲区

商业休闲区入口效果图

商业休闲区夜景效果图A

商业休闲区夜景效果图B

行政办公区效果图

第八届艾景奖国际景观设计大奖获奖作品

THE 8TH IDEA-KING COLLECTION BOOK OF AWARDED WORKS

鸟瞰图

山东滨州黄河古村西纸坊田园综合体

RURAL COMPLEX PROJECT OF XIZHIFANG THE YELLOW RIVER ANCIENT VILLAGE BINZHOU

设计单位：深圳市铁汉生态环境股份有限公司　　主创姓名：丁珂、郑光霞　　成员姓名：吴修远、邢延利、潘芙蓉、侯莹、梁星、李媛媛、高振国、王颖、赵晶
设计时间：2016~2018年　　项目地点：山东省滨州市经济开发区　　项目规模：3400亩　　项目类别：园区景观设计
委托单位：滨州汉乡缘旅游开发管理有限公司

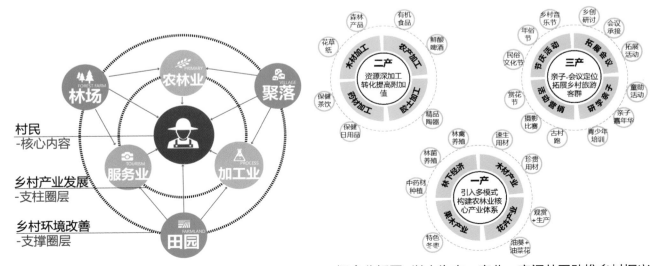

概念分析图-以人为本，产业、空间共同助推乡村振兴

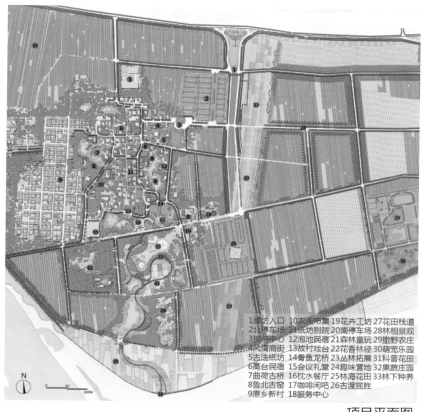

1席坊入口　10农夫市集　19花卉工坊　27花田栈道
2北停车场　11纸坊别院　20南停车场　28林相景观
3接待中心　12泡池民宿　21森林童玩　29撒野农庄
4风情商街　13故村戏台　22花香林径　30萌宠乐田
5古法纸坊　14酱鱼龙桥　23丛林拓展　31科普花田
6高台民宿　15会议礼堂　24趣味营地　32果蔬庄园
7曲荷古桥　16枕水餐厅　25林海花田　33林下种养
8鲁北古窑　17咖啡闲吧　26古渡揽胜
9原乡新村　18服务中心

项目平面图

设计说明

　　西纸坊村位于山东滨州，老村占地面积10公顷，原有住户170户，作为百年历史的黄河古村，已因村民搬迁新址、乡村人口流失已破败闲置，是目前乡村"农业过剩-人口流失-宅基地闲置"问题凸显而被遗忘的众多原乡聚落的一个缩影。我们期望能够以"乡村复兴"的主题构想，规划设计3400亩农业园区，重构新的产业、重塑新的风貌，构建乡村可持续发展的内生系统，实现"未来理想乡村"构架。

　　在产业布局层面，三产融合延长农业产业链条。以乡村旅游为短期快速振兴驱动，引入研学、亲子等乡村旅游产品；以开发速生林场林业核心及衍生产业、发展农林产品精深加工为长远发展引擎，构筑农民增收的战略支撑。

　　在空间优化层面，改造老村闲置宅基地，村庄整体布局顺从原有肌理，针对场地特征优化空间排布；从历史文化中提取设计元素，尊重原有乡村的建筑风貌，重塑古窑、民宿等民居生活场景；村庄景观改造，凝练场地特色构建景观标识，创造带有原乡气质的古村景象保留。外围林场与农田适地优化，达到更好的生态、景观及经济效益。

　　项目首期旅游乡建已初见成效，打造成为集鲁北风情精品民宿、传统非遗作坊、古法柴烧古窑、儿童亲子乐园、千亩林海花田于一体的高品质乡村旅游目的地，一产提质、二产拓展已布局初设。西纸坊场地再生、乡村复兴之路持续进行中。

黄河古村-改造前实景图

黄河古村-改造后实景图

院落景观实景图

入户景观实景图

高台景观实景图

尊重自然村落肌理，保留优化高台土坯民居建筑风貌，进行建筑及景观改造，保留原乡气质的同时适合现代度假的需求。

陶瓷体验工坊游客实景图

古窑复原及配套景观实景图

古窑复原及配套景观实景图

根据制式修复历代古窑，复原历史味道，打造陶窑文化体验乡村休闲综合体。

森林童玩区实景图

森林童玩区实景图

森林童玩区实景图

无动力乐园选址设计结合现状林地，材质项目选择结合乡村与教育特质，做出符合乡野的特色及差异性。

树龄分析
1-3年（速生期）
4-6年（速生期）
7-10年（生长后期）
>11年（成熟期）

郁闭度分析
郁闭度 0.3-0.7
郁闭度 > 0.7

现状林场树龄\郁闭度分析图

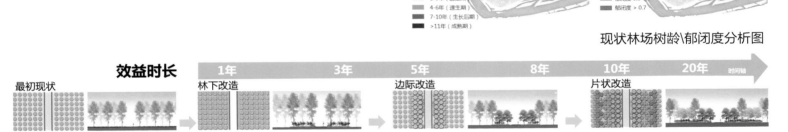

效益时长

最初现状　　1年　　3年　　5年　　8年　　10年　　20年　时间轴

　　　　　　林下改造　　　　边际改造　　　　片状改造

林相改造模式图

村落外围林下花田实景图

入口景观鸟瞰实景图

调研统计现场杨树数据，确定林相分步改造时序，叠加绿道、游赏、林下种植等复合功能。

IDEA-KING
since 艾景奖®
2011

第八届艾景奖国际景观设计大奖获奖作品

THE 8ᵀᴴ IDEA-KING COLLECTION BOOK OF AWARDED WORKS

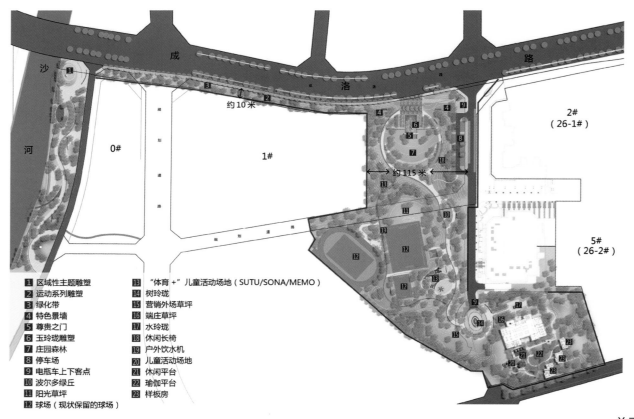

1 区域性主题雕塑　　13 "体育+"儿童活动场地（SUTU/SONA/MEMO）
2 运动系列雕塑　　　14 树玲珑
3 绿化带　　　　　　15 营销外场草坪
4 特色景墙　　　　　16 端庄草坪
5 尊贵之门　　　　　17 水玲珑
6 玉玲珑雕塑　　　　18 休闲长椅
7 庄园森林　　　　　19 户外饮水机
8 停车场　　　　　　20 儿童活动场地
9 电瓶车上下客点　　21 休闲平台
10 波尔多绿丘　　　　22 瑜伽平台
11 阳光草坪　　　　　23 样板房
12 球场（现状保留的球场）

总平面

成都鲁能城

LUNENG CHENGHUA 26#LAND LANDSCAPE CONCEPT DESIGN

设计单位：深圳市喜喜仕景观及建筑规划设计有限公司　　主创姓名：朱崇文　　成员姓名：罗显俊、崔永顺、杜娟、谭美琴、温涛、李同云、文衡
设计时间：2016年　　项目地点：四川成都　　项目规模：58000平方米　　委托单位：鲁能集团

主入口效果图

主入口夜景效果图

设计说明

　　提出"尊贵社区，健康家园"的设计理念。设计中将沙河、成洛路沿线及相邻地块部分区域纳入提升范围，最大化地展示仪式感及体验感。尊贵之门的五重景深设计在横向及纵向提升了入口的昭示性及标识性，而展示流线上的儿童王国及慢跑道则可感受运动与活力，并最终在宜居体验区迎来对未来生活最温馨的体验。

　　成都鲁能城展示区通过分析项目周边绿地布局，优化各绿地空间关系，以生态、健康、运动为核心，发掘景观空间在此核心下的精神内涵，以绿地为整体框架，系列主题雕塑为情感升华，通过绿色的纽带强化一系列空间的内在联系，重塑本项目的区域形象，同时为区域环境及居民带来全新的生活体验。

夜景效果图

设计单位：南京匠森建筑景观规划设计有限公司
主创姓名：陈亚军
成员姓名：贾涵予、宋括、王韵白
设计时间：2016年12月
项目地点：山东省临沂市莒南县
项目规模：365亩
项目类别：园区景观设计
委托单位：山东省莒南第一中学

山东省莒南第一中学景观设计

LANDSCAPE DESIGN OF JUNAN NO.1 MIDDLE SCHOOL IN SHANDONG PROVINCE

设计说明

该项目将校园特色、建筑与景观三者紧密结合，设计打造具有生态化、丰富的人文内涵与独特标识性的校园景观。通过对校园规划的研究及用地现状的分析，尤其对地形与建筑所形成空间的研究，提炼出"一泓清流楼前过，满园书声林中行"的景观意境。

整个项目规划形成"一环五轴多链六功能区"的总体规划结构。一环为生态绿化环，是由滨水绿地贯穿整个校区，收放自如，形成一条以滨水为主的生态绿化环；五轴为一主四辅的五条景观轴线将各功能区变化统一，突出体现严谨的治学理念和开放的办学思想。规划主轴线为人文交流轴，以入口广场、思源广场、志学广场等形成南北向主要轴线，周边建筑维护强化轴线和向心空间。南北两条次要轴线是体育休闲区和特色教学区的区分道路及特色教学区和生态科普区的区分道路，这两条轴线形成中心景观外的视线通廊；东西两条次要轴线是教学楼和艺术楼之间的横向对景轴线，以及特色教学区和生活景观区分割道路轴线，形成学生步入教学区和生活区的轴线序列；多链则是结合各个功能组团布局以及交通道路的分布形式，在校区内依托道路和建筑间的开放空间，形成线性为主的绿化开放空间，以此线性空间形成空间网格体系；六功能区分别为中心景观区、入口景观区、生活景观区、体育休闲区、生态科普区及特色教学区。

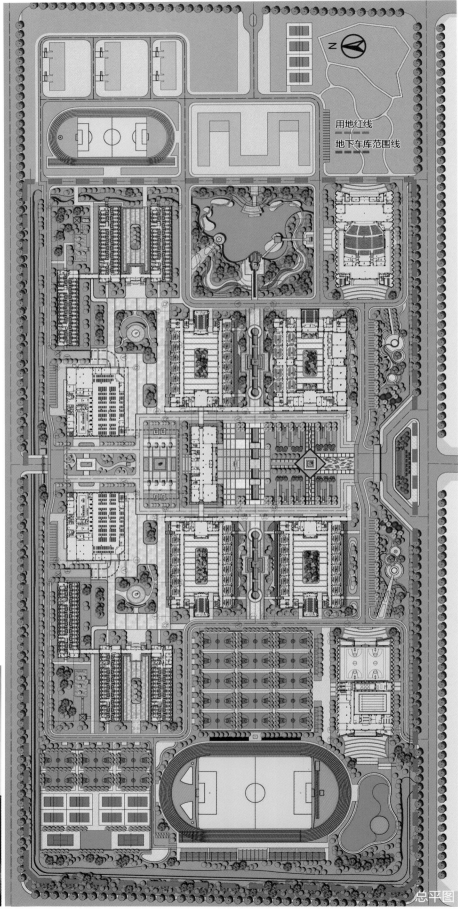

用地红线

地下车库范围线

总平图

主入口

竹音廊

教学楼间

君子湖

余韵园

鸟瞰图

IDEA-KING
since 2011艾景奖®

第八届艾景奖国际景观设计大奖获奖作品

THE 8TH IDEA-KING COLLECTION BOOK OF AWARDED WORKS

效果图

湖北三里畈镇·温泉康养产业园

HUBEI SANLIFANZHEN•WENQUANKANG INDUSTRIAL PARK

设计单位：惠州市木客园林景观设计有限公司　　主创姓名：李启聪　　　成员姓名：李启华、吴思婷
设计时间：2017年8月　　项目地点：湖北罗田县　　项目规模：24364平方米　　项目类别：园区景观设计
委托单位：罗田县宝利来温泉开发有限公司

1. 四合院
2. 四合院中庭
3. 养生木屋区
4. 养生泡池
5. 养生馆
6. 天然泳吧
7. 湖光山色
8. 泡池私享别墅
9. 公共温泉泡池
10. 养生会所
11. 活动广场
12. 景观亭
13. 生态停车位

平面图

设计说明

项目位于罗田县三里畈镇，地处大别山南麓，巴水上游河畔，坐拥三里畈宝贵的自然资源，将山、水、林有机结合起来。

回归现代，挥扫不去的是骨子里的合院情怀，庭院深深，秩序俨然，青砖黛瓦，水墨淡彩，至简大方。我们要有一个有文化特色，宜人的尺度，和大自然融合的空间。在这里只有鸟的鸣叫，森林的呼吸，潺潺的溪流，清澈的流水，倾泻而下的阳光，满眼的绿意和温泉的惠赐。在这样的自然怀抱中，心无一物，身心溶解……

设计以"音乐"为灵感，通过唯美的音乐曲调产生的旋律线条将温泉康养产业园不同区域联系起来，紧扣"音乐"概念，各个景观区域命名以中国诗歌名，并且这些诗歌都谱曲传唱成为音乐歌曲，形成统一的，高低起伏的，丰富变化的景观空间；着重强调回归自然和材料本地化，以充分展示三里畈地区丰富的文化传统，延续古老的民间音乐的血脉。在项目设计中，市场形象定位分为四季特色项目：春季可春游踏青、观光花海，夏季可旅游度假、夏令营游泳，秋季可户外拓展、婚纱摄影，冬季可温泉养生与度假，打造一个集观光农业、绿色休闲、健康疗养、温泉度假为一体的温泉康养产业园。

效果图

效果图

效果图

2011艾景奖®

第八届艾景奖国际景观设计大奖获奖作品

THE 8TH IDEA-KING COLLECTION BOOK OF AWARDED WORKS

N

0 50 100 200 400

总平面

齐云山自由家树屋世界项目景观设计

QIYUN MOUNTAIN LANDSCAPE DESIGN

设计单位：上海骏地建筑设计事务所股份有限公司　　主创姓名：付方芳　　成员姓名：何天腾、秦芸芸

设计时间：2018年3月　　项目地点：徽黄山市齐云山景区　　项目规模：约300亩　　项目类别：园区景观设计

委托单位：安徽祥源自由家营地旅游管理有限公司

营地鸟瞰图

积木屋鸟瞰实景图

设计说明

　　基地位于安徽黄山市齐云山景区北侧的山丘上，本次景观设计范围为自由家营地酒店大堂区域和树屋客房庄园等区域的改建。

　　改造后的酒店入口及大堂区域以自然山体汇水作为对景，在悠长的通道两侧，列植向中心靠拢的刚竹，打造幽深神秘的森林入口景观，当地极有特色的黑色岩石作为入口到达区域重要的景观。层叠的置石围绕出植物叠景和户外探索主题的雕塑。每一个树屋庄园都有固定玩乐休闲项目，如壁炉、休闲平台等。

　　除此之外，我们又将16个各具风格的树屋分类为家庭亲子、情侣、朋友圈三种主题，根据主题特点加入特殊的项目，情侣主题树床、室外烛光晚宴区，家庭亲子露营区域，朋友聚会区域等。利用平台挑空，解决管屋前方的场地高差，下沉式围合座椅，中间设置烧烤区，圆柱形的管屋满足年轻人交友聚会需求。

　　齐云山自由家打造特色树屋与庄园，为人们提供一个山野玩乐酒店环境。正如自由家所说的：就是爱玩。

管屋实景图

局部建筑入户实景图

设计说明

北京金茂广场以"创新"为核心理念，通过创新为商办项目提供新思路及较强的产品力，在规划理念中融入"街区"概念，打造商业与办公相辅相成的"乐活街区"和"生态办公"。实现了业主对于"城市公共空间""乐活商业空间"和"私密办公空间"的完全享有。

南部办公区以"生态办公，南城牧场"为设计理念，礼赞亲近自然的都市生活。林荫广场将视线引向中心草坪，变色叶树种的选择使树阵植物随着季节变迁有着不同观赏景观空间的呈现。可移动座椅提供给人们自由多变的活动空间。设计选择异形景墙结合观赏草，增加中央下沉花园的野趣和灵动性。造景自由的阶梯如流水般链接各个场地，开启全新的生态文化办公模式。

总平面

北京丰台金茂广场

JINMAO SQUARE OF BEIJING FENGTAI

设计单位：北京昂众同行建筑设计顾问有限责任公司　　　委托单位：保利地产
主创姓名：徐刚、赵霞、杨柳　　　成员姓名：张乐、韩彤彦、李孟颖、刘思含、李清、姚慧法、施京儒、朱芳娇
设计时间：2017年5月　　　项目地点：北京市丰台区　　　项目规模：2.9公顷　　　项目类别：园区景观设计

效果图

实景图

实景图

实景图

总平面

生长的苗乡圣境
安顺紫云乡村轻奢酒店可持续规划设计

SUSTAINABLE RESORT PLANNING AND DESIGN OF ZIYUN VILLAGE IN ANSHUN

设计单位：北京一方天地环境景观规划设计咨询有限公司 北京大学深圳研究院绿色基础设施研究所
主创姓名：栾博、王鑫、邵文威 成员姓名：刘拓、金越延、李岳凌、陈鉴熹
设计时间：2015年10月 项目地点：贵州安顺紫云县 项目规模：23.7公顷 项目类别：园区景观设计
委托单位：安顺投资集团有限公司

效果图

效果图

效果图

设计说明

　　紫云苗族布依族自治县水塘镇坝寨村地处偏远的贵州西南部，长久以来保持着中国传统的原生态农耕生活方式，经济发展滞后。然而传统农业模式、低强度的土地开发、得天独厚的生态环境使这个小山村享有了山、水、田、林和谐共有的人居环境和生态格局，但是如此"圣境"却不被外人所知。

　　大山深处的传统村落需要利用自身的优势资源在外力的促动下完成自身的更新和发展。适合的产业引入在带动经济发展的同时，更需要保护生态和可持续开发。为这个美丽的乡村构建一个集自然观光、文化体验、休闲娱乐于一体的高端复合型度假酒店而不影响原有的生态环境，展现地域文化特色是本案设计的原力所在。

　　项目总规划面积23.7公顷，总建筑面积9880平方米，容积率0.036。设计以享受原生态的自然环境、体验"与世隔绝"的农耕生活为本真，限定了酒店的客房为30间帐篷；以一种"生长"的理念，轻介入的方式营造一种别样的野奢体验，最小干预水、田、林的自然资源，可持续更新乡村。提升村寨的基础设施建设，完成居所更新改建，同时为村民带来一个可持续的共同发展的产业。

　　打造的不仅仅是一个产业，同时带给游客真正的农耕文化和地域特色体验。为游客创造了一种抛离城市的生活烦躁，能够接近自然并体味生活本真的生活方式，正如"格凸"在苗语中的含义来到"圣境"一样。

鸟瞰图

IDEA-KING
since 2011艾景奖®

第八届艾景奖国际景观设计大奖获奖作品

THE 8TH IDEA-KING COLLECTION BOOK OF AWARDED WORKS

总平面图

西安昆明池·七夕公园

THE LANDSCAPE DESIGN OF QIXI PARK IN XIAN KUNMINGCHI

设计单位：北京东方易地景观设计有限公司　　主创姓名：李建伟　　成员姓名：魏琪沛、杨亮、赵放中、聂聪

设计时间：2016年5月　　项目地点：西安市西咸新区沣东新城　　项目规模：79.2公顷　　项目类别：风景区规划

委托单位：陕西省西咸新区沣东新城斗门水库建设管理中心

实景鸟瞰图

七孔穿针廊架

耕牛雕塑

设计说明

　　昆明池·七夕公园位于西安市西咸新区沣东新城原昆明池旧址，由陕西省西咸新区沣东新城斗门水库建设管理中心委托，北京东方易地景观设计有限公司进行景观设计。项目设计时间为2016年5月，2017年9月开园，规模79.2公顷。央视2018年七夕晚会在陕西西安昆明池设立会场。

　　通过实施"山水林田湖"柔性治水，打造"生命共同体"，最终形成"一池、两湖、三带"的空间布局。遵循历史文脉和山水格局，按照"系统治水、柔性治水"理念而规划的"南北湖"形制，成为最大特色。

　　七夕传说发源于此，提取七夕文化作为设计主线，爱情文化产业作为载体，打造一个集休闲、娱乐、婚庆等功能于一体的爱情主题公园。突出文化旅游和休闲度假的七夕公园，同时园内可以举办会议会展和水上体育赛事，以此打造昆明池的品牌活动，吸引更多游客前来观赛，从而提升昆明池的知名度与影响力。

　　它是陕西省"引汉济渭"输配水工程的重要组成部分，是全国水利发展改革"十三五"规划重点项目，是陕西落实山水林田湖一体化治理和开展"柔性治水、系统治水"的重大工程。在满足沣东新城和沣西新城200万人饮水的基础上兼顾了沣河分洪、蓄洪和滞洪功能，是一件功在当代、利在千秋的水利壮举。项目将会对大西安水系治理、涵养生态、环境保护、文化传承、旅游休闲发挥重要引领作用，是大西安南部的一颗璀璨明珠，是西咸新区乃至大西安文化旅游"新名片"。

鸟瞰效果图

景观灯

滨水平台

入口广场

鸟瞰实景图

鹊桥

滨水建筑

广西贵港市九凌湖景区策划

GUANGXI GUIGANG JIULING LAKE SCENIC SPOT PLANNING

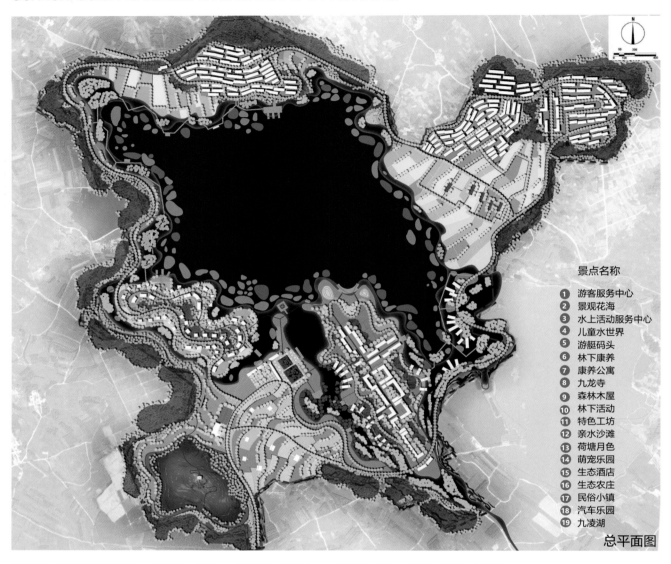

景点名称

1 游客服务中心
2 景观花海
3 水上活动服务中心
4 儿童水世界
5 游艇码头
6 林下康养
7 康养公寓
8 九龙寺
9 森林木屋
10 林下活动
11 特色工坊
12 亲水沙滩
13 荷塘月色
14 萌宠乐园
15 生态酒店
16 生态农庄
17 民俗小镇
18 汽车乐园
19 九凌湖

总平面图

设计单位：亿利设计有限公司　　设计指导：叶昊　　主创姓名：刘昌林　　成员姓名：李明、李祉析、张子阳、耿晓磊
设计时间：2018年6月　　项目地点：广西壮族自治区贵港市九凌湖景区　　项目规模：695公顷　　项目类别：风景区规划

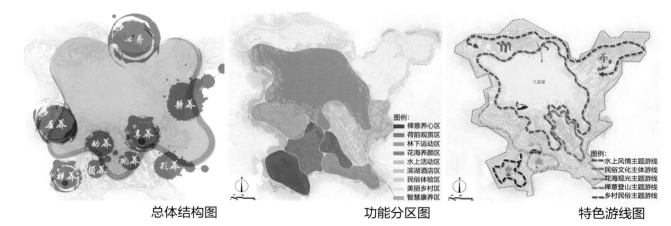

总体结构图　　　　　　　　功能分区图　　　　　　　　特色游线图

设计说明

　　本案位于贵港市覃塘区，紧邻港南区、贵港市区及南广高速，是覃塘区着力打造广西全域旅游示范区的重要组成部分。山、水、林、田、湖、草作为本案的生态本底，以荷文化为资源，以九大养生产品为引爆点，未来将打造集生态旅游、康养度假、休闲观光、汽车游乐、民俗体验为一体的大湖康养旅游胜地。

荷花观鸟效果图

以"荷花"为主题的疗养园，利用良好的生态环境，设立观鸟科普站，打造滨水共生空间体系。

生态农庄效果图

引入生态农庄康养理念，还原自然生境，同时配套运动生态设施，实现一种新的聚集生活模式。

民俗文化街效果图

通过商业街、作坊、美食等产品展现广西历史悠久的文化遗产，在慢节奏中享受最朴素、最本初的文化韵味。

IDEA-KING
since
2011艾景奖®

第八届艾景奖国际景观设计大奖获奖作品

THE 8ᵀᴴ IDEA-KING COLLECTION BOOK OF AWARDED WORKS

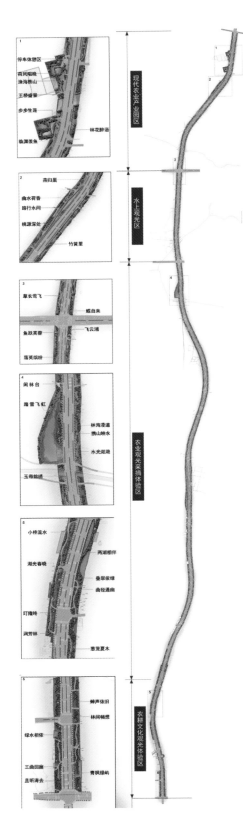

总平面

店中路（新合马路至环湖大道段）景观提升设计

LANDSCAPE DESIGN OF DIANZHONG ROAD (HEMA ROAD TO CHAOHU TOURISM AVENUE)

设计单位：安徽省交通规划设计研究总院股份有限公司

主创姓名：马婧、李杰、王祖珍、袁娟、高磊　　成员姓名：陈昊、陈茂松、李强、潘锋、丁珄、陈丹丹、张青琳

设计时间：2016年8月　　项目地点：安徽省合肥市肥东县　　项目规模：约715000平方米　　项目类别：绿地系统规划

委托单位：肥东县交通运输局

设计说明

项目位于安徽省合肥市肥东县，全长约13.4公里，该线路既是环巢湖大道北部重要的连接线，也是肥东南部的重要通道，项目的开展对改善沿线出现条件，提升沿线景观效果，丰富肥东旅游文化内涵，拉动地区经济增长具有重要意义。

店中路沿线及周边资源丰富，以长临河古镇为核心资源，分布着自然资源、红色文化资源、历史文化遗址、非物质文化遗产等，包括巢湖、渡江战役总前委旧址、青龙厂新四军抗日纪念馆、长临河古镇、包公文化、"瓦屑坝"移民文化、"九龙攒珠"移民村落群、瓜果采摘园。项目的开展，有利于整合各类资源，发挥资源集聚优势，带动沿线自驾游、观光游、乡村游等产业的发展。

项目以"融合·印象·衍生"作为设计主题，汲取肥东当地的包公文化、宋文化以及古镇文化元素，通过道路景观内外诸要素数量、质量及其结构关系的调整与组织，使得人们在不同速度的通行系统中的审美和使用体验能够相互激发并得到升华，从而形成深刻的道路景观印象。

设计特点：

①通过增加景观的触觉性体验拉近人们对乡村的距离：项目串联了沿线20余个村镇，利用周边的现状藕塘、葡萄园、樱桃园等资源发展瓜果采摘、耕种、捕鱼等农事体验活动，同时大力带动沿线乡村经济发展。

②因地制宜地贯彻海绵城市设计理念：在主体道路设计过程中采取分离式路基设计，保留现状沟塘形成自然湿地景观。道路两侧绿道设计较好地结合了原有地形，因地制宜地进行慢行系统的竖向设计，并实现自然排水。

③最大限度地实现人文景观一体化设计：将文化元素符号融入道路附属设施设计中（路缘石、栏杆、公交站台、路灯等）进行综合考虑，并在全线设置约40组富有地方特色的公共艺术雕塑，实现道路工程和人文景观和谐共生。

④运用新型技术手段打造智慧旅游道路：全线设置特色智能公交站台，通过在景观路灯中加装了无线设备，休憩点设置多功能智慧路灯、夜光路面等手段，为打造智慧旅游公路奠定基调。其技术创新与实践为实现绿色设计，打造精品道路景观工程创造了跨时代的意义（已获得两项实用新型专利）。

路行水间节点效果图

樱桃园节点效果图

湖光春晓节点效果图

长临有驿节点效果图

两岸相伴节点效果图

桥头雕塑节点效果图

贤之门——起点门户节点效果图

滨之光——终点门户节点效果图

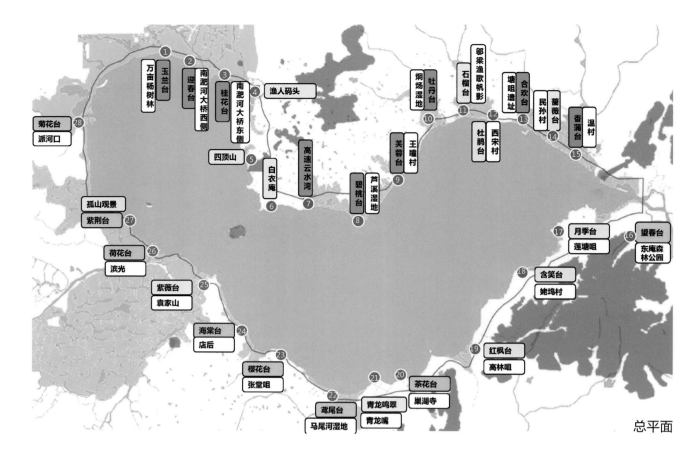

总平面

环巢湖旅游大道景观绿化工程

LANDSCAPE DESIGN OF CHAOHU TOURISM AVENUE

设计单位：安徽省交通规划设计研究总院股份有限公司

主创姓名：汤铭、马婧、叶菁超、袁娟、刘正立　　成员姓名：黄卫东、钱佳作、潘锋、王祥彪、陈昊、刘瑞勋、占昌宝

设计时间：2017年3月　　项目地点：安徽省合肥市

项目规模：项目总长约为117.42公里。占地面积约为62.715平方米　　项目类别：绿地系统规划

委托单位：合肥市公路管理局、合肥市重点工程建设管理局、肥西县交通运输局、庐江县交通投资有限公司、巢湖市交通局

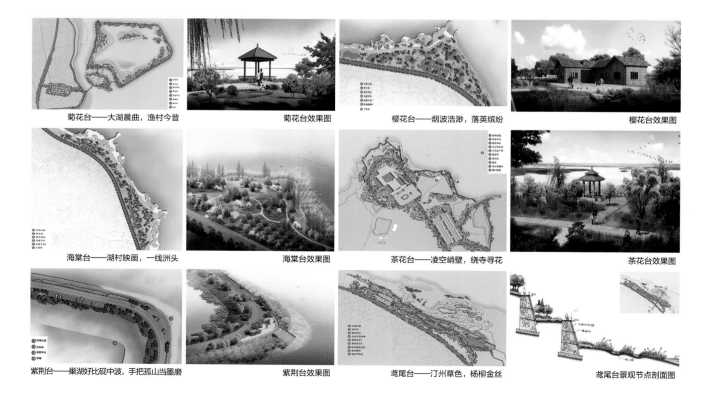

菊花台——大湖晨曲，渔村今昔　　　菊花台效果图　　　樱花台——烟波浩渺，落英缤纷　　　樱花台效果图

海棠台——湖村映画，一线洲头　　　海棠台效果图　　　茶花台——凌空峭壁，绕寺寻花　　　茶花台效果图

紫荆台——巢湖好比砚中波，手把孤山当墨磨　　　紫荆台效果图　　　鸢尾台——汀州草色，杨柳金丝　　　鸢尾台景观节点剖面图

鸟瞰效果图

设计说明

环巢湖旅游大道的景观绿化设计，结合公路所处区段的特点，以"城湖共生，路景相随"为设计理念，充分利用现状地形和本土植物，贯彻"四季常绿、错落有致、色彩丰富、简洁明快"的设计原则，实现路域植被快速、立体化恢复，突出景观、生态效益，满足公路绿化功能的需要。项目总长117.42公里。其中本次景观绿化工程设计内容包含五座标志性景观桥梁及道路绿化及部分临湖观景台节点设计，并根据不同的周边环境展现不同的景观风貌：

滨湖段——靠近合肥市区，以现代化的市政景观为设计特色；

肥西段——周边为平原地貌，以低矮、简洁的绿化形式打造开阔的临湖景观带；

庐江段——区域生态环境较好，利用现有资源打造环湖湿地特色景观区；

肥东、巢湖段——地处丘陵地带，以节奏明快、错落有致的道路绿化景观映衬周边一派壮阔的湖山胜景。

观景台利用原有现状大堤用地，在主体道路设计阶段即进行了预留，待道路建成后再根据路域环境不断地进行提升改造，动态丰富。其设计结合项目地域文化和滨湖水景特色，在分析游人观景视线的同时，也给观景区域注入了许多艺术元素，使自然水景与观景平台交相辉映。

临湖侧设置彩色人行慢行系统（不同段落色彩不同）以便于行人、自行车慢行游览；原创设计了不同路段的景观护栏（已申请两项外观专利），在满足功能需求的同时兼具古典美观的特色。

南淝河、派河、杭埠河、白石天河、兆河五座大桥为环巢湖地标性建筑，桥型以巢湖历史文化特点为根基，以美观大方为准则，分别以"信义、仁爱、忠勇、孝悌、和谐"为五座桥设计主题，体现了积极向上、开拓进取的时代精神。

项目设计强化了景观旅游规划在道路设计上的引领作用，统筹考虑交通、游憩、娱乐、购物等旅游要素和旅游资源开发，经过前期策划、中期发展、后期完善的有序推进，构建了"快进""慢游"的综合旅游交通网络，是快速推进环巢湖旅游开发的重要举措，是加快区域快速发展的迫切需要，意义十分重大。

环巢湖湿地公园前观景台及停车区

杭埠河大桥

白石天河大桥

南淝河河大桥

派河大桥

环巢湖旅游大道兆河大桥鸟瞰

环巢湖旅游大道实景

温村湿地实景

派河口湿地

滨湖段湿地

焖炀湿地驿站

焖炀湿地驿站

IDEA-KING
since 2011艾景奖®

第八届艾景奖国际景观设计大奖获奖作品

THE 8TH IDEA-KING COLLECTION BOOK OF AWARDED WORKS

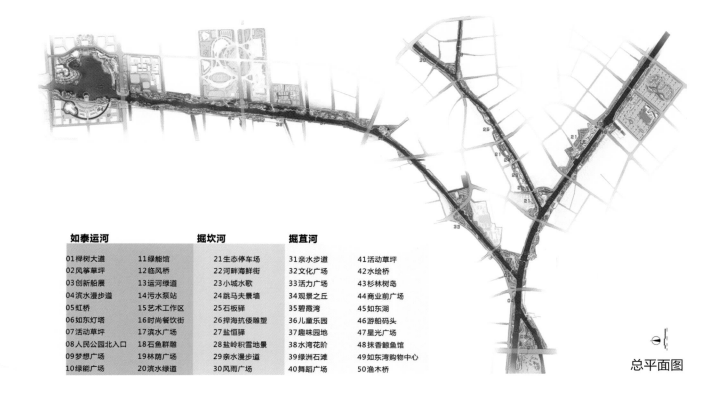

如泰运河		掘坎河	掘苴河	
01 榉树大道	11 绿能馆	21 生态停车场	31 亲水步道	41 活动草坪
02 风筝草坪	12 临风桥	22 河畔海鲜街	32 文化广场	42 水绘桥
03 创新船展	13 运河绿道	23 小城水歌	33 活力广场	43 杉林树岛
04 滨水漫步道	14 污水泵站	24 跳马夫景墙	34 观景之丘	44 商业前广场
05 虹桥	15 艺术工作区	25 石板驿	35 碧霞湾	45 如东湖
06 如东灯塔	16 时尚餐饮街	26 捍海抗倭雕塑	36 儿童乐园	46 游船码头
07 活动草坪	17 滨水广场	27 盐恒驿	37 趣味园地	47 星光广场
08 人民公园北入口	18 石鱼群雕	28 盐岭积雪地景	38 水湾花阶	48 抹香鲸鱼馆
09 梦想广场	19 林荫广场	29 亲水漫步道	39 绿洲石滩	49 如东湾购物中心
10 绿能广场	20 滨水绿道	30 风雨广场	40 舞蹈广场	50 渔木桥

总平面图

如东县县城"三河六岸"整治河道景观设计

RUDONG 'THREE RIVERS AND SIX BANKS' RENOVATION AND LANDSCAPE DESIGNING

设计单位：广州筑原工程设计有限公司　　主创姓名：柯煜楠　　成员姓名：张宇、叶志明、高月、李颖甄、徐以玲、高敏、蔡景
设计时间：2016年9月　　项目地点：江苏省南通市　　项目规模：181.71公顷　　项目类别：绿地系统规划
委托单位：如东县清水利建设工程有限公司

银沙馆

设计说明

如东以掘港为中心，历经千年的发展，历史悠久，以水为源起的文化深深影响如东的城市发展、交通出行、百姓行旅等各个方面。三河联动新老城区，是掘港乃至如东地区的城市动脉。

结合如东成陆历史，将如东的城市文脉按时间梳理归纳为盐运文化、如东新文化、海运文化、工业文化。结合三河区位，文以载道，赋予不同特色功能定位。

掘苴河：如海未来时光河，城市雕塑与滨水绿道结合演绎如东新文化，通过现代艺术及绿能科创展示如东新城客厅。

掘坎河：前身为连通四大盐场的串场河，设计将以盐运市井文化为载体，打造集如东海鲜美食、盐运文化展示、掘巷老街行旅为一体的城市人文动脉。

如泰运河：两岸现状多为工业用地，多个三角河嘴将是城市形象地标。以工业海运文化为载体，植入艺术创意产业和城市农园、打造集创意产业孵化、工业遗迹展示、河咀公园为一体的城市艺术动脉。

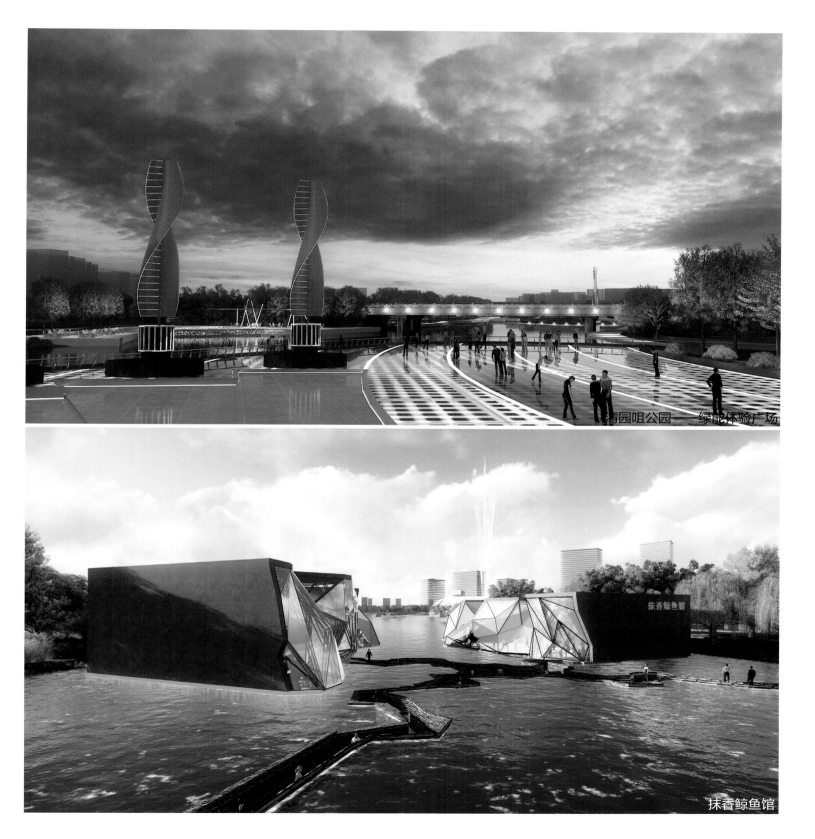

清园咀公园——绿能体验广场

抹香鲸鱼馆

虹桥咀公园

关西咀公园

虹桥咀公园——"弃船"——创新船展

三河咀公园——盐岭绿垣

清园咀公园——极光溢彩鸟瞰图

如意湾——鸟瞰图

水城回归时光河——掘砍河

水岸复兴时光河——如泰河

如海未来时光河——掘苴河

秋 城 昭 璞

秋城	昭通市素有"秋城"之称，以后宜人，四季如秋
昭	点明"昭通"这一地点
璞	绿道以凸显原生态的自然景观为主，减少人工痕迹，返璞归真

昭璞绿道，最大限度地利用现状，减少人工痕迹，仅在驿站处增加建筑等，各休憩点融合周边自然环境中，绿道选线依据现有自然资源的分布，以人的观赏为出发点，合理布局，让当地自然美景尽收眼底。

鹤舞秋城、翼行苍穹

相拥田园、返璞归真

绿道徐行，一路风光一路情

昭阳—大山包

云南.昭通.大山包(昭璞)绿道工程

THE GREENWAY ENGINEERING OF YUNNAN. ZHAOTONG. DASHANBAO (ZHAOPU)

设计单位：安徽省交通规划设计研究总院股份有限公司
主创姓名：汤铭　成员姓名：冯华、叶菁超、占昌宝、李杰、丁珏、张青琳、刘瑞勋、袁娟、陈昊、陈丹丹、刘诗华
设计时间：2017年5月　　项目地点：云南省昭通市　　项目规模：全长约48.61公里　　项目类别：绿地系统规划
委托单位：昭通绿道投资开发有限公司

图例

一带

驿站

庄园

多景

总平面

昭鲁 驿站效果图

设计说明

云南昭通大山包（昭璞）绿道为联系大山包风景区与昭通市区之间的旅游观光道路，为骑行人群提供观光体验的空间廊道。绿道线形方案以G356旅游公路为依托，绿道起于昭阳大道，止于酒坊驿站，全长约48.61公里。绿道工程涵盖慢行系统（步行道、自行车道等）、驿站节点（机非换乘点、租车点、休息站、旅游商店、停车场、观景台等）、绿廊系统（慢行道两侧绿化等）、标识系统（标识牌、引导牌、信息牌等）、服务系统（通信、照明、咨询、安保等服务设施）等。

昭璞绿道，最大限度地利用现状，减少人工痕迹，仅在驿站处增加建筑等，各休憩点融合周边自然环境中，绿道选线依据现有自然资源的分布，以人的观赏为出发点，合理布局，让当地自然美景尽收眼底。

沿线设施含昭鲁、蒋家山、苏家院、龙树河、酒坊五大驿站以及药膳养身庄园、云龙文化庄园、丝路风情小镇、乐农生态新村四处园区，形成"一带、五站、四园、多景"的生态廊道系统，一期工程主体房建工程分为昭鲁驿站和酒坊驿站两部分，总建筑面积约14800平方米。

项目有效利用和保护沿线自然和社会资源，打造一条集绿色生态、文化体验、休闲游憩、骑行观光、团体比赛于一体的综合性郊野绿色廊道。

昭璞绿道的修建，将有效促进周边旅游资源的开发，使公路与绿道相互配合，资源加以叠加，绿道附属设施、驿站、休憩点等与沿线乡镇村庄共同开发，塑造一批特色旅游小镇，打造一批特色村落，创建一批乡村旅游示范点。

苏家院驿站效果图

效果图

龙树河驿站效果图

蒋家山驿站效果图

平面图

酒坊驿站效果图

实景图

骑行实景

实景图

实景图

实景图

驿站实景

实景图

绿道实景

第八届艾景奖国际景观设计大奖获奖作品

THE 8TH IDEA-KING COLLECTION BOOK OF AWARDED WORKS

平面图

定兴黄金台广场景观设计

DINGXING HUANGJINTAI SQUARE LANDSCAPE DESIGN

设计单位：北京彼岸景观规划设计有限公司　　主创姓名：王登涛　　成员姓名：戈珍芳、王东全、李娜、冯雪松、王磊
设计时间：2017年6月　　项目地点：河北省保定市定兴县　　项目规模：5万平方米　　项目类别：城市公共空间
委托单位：定兴县文化广电新闻出版局

鸟瞰图

效果图

设计说明

项目位于河北省保定市定兴县黄金台博物馆。

项目占地5万多平方米左右，基于黄金台博物馆在建中，建筑呈方形，周边地块完整，呈现半圆形，地势平坦。

古人把天地未分、混沌初起之状称为太极，太极生两仪，就划出了阴阳，分出了天地。古人把由众多星体组成的茫茫宇宙称为"天"，把立足其间赖以生存的田土称为"地"，由于日月等天体都是在周而复始、永无休止地运动，好似一个闭合的圆周无始无终；而大地却静悄悄地在那里承载着我们，恰如一个方形的物体静止稳定，于是"天圆地方"的概念便由此产生。黄金台广场的景观设计延续中国传统文化的"天圆地方"是这种学说，在空间布局上，我们抽象化地以立足于土地之上的方型黄金台博物馆建筑为"地"，以圆形景观层次的塑造为"天"，在历史的浪涛中，黄金台作为定兴的一个历史原点，我们顺着这个历史原点，追溯到定兴的那些流传下来的文化精髓，那些沉静在历史海洋中的名人、典故、遗迹，就像宇宙的繁星，点亮了今天的定兴，为世人留下美好的精神面貌。我们将黄金台为原点，将圆形图案元素类似八卦阵的布局般进行放射，定格在历史中的名人典故、文物遗迹、文化精髓散布在圆形空间中，让我们光耀金台精神，展示定兴文化历史和人文，蕴含延续定兴文脉，厘清发展动源。

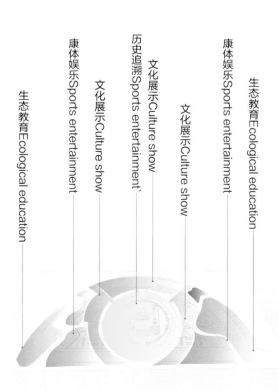

生态教育Ecological education

康体娱乐Sports entertainment

历史追溯Sports entertainment'

文化展示Culture show

文化展示Culture show

文化展示Culture show

康体娱乐Sports entertainment

生态教育Ecological education

实景图

IDEA-KING
since 2011 艾景奖®

第八届艾景奖国际景观设计大奖获奖作品

THE 8TH IDEA-KING COLLECTION BOOK OF AWARDED WORKS

效果图

效果图

AWARD DESIGN INSTITUTE

年度十佳景观设计机构

年度杰出景观设计机构

年度优秀景观设计机构

华艺生态园林股份有限公司

公司简介

华艺生态园林股份有限公司创始于 1997 年，注册资金 1.2 亿元，现有正式员工 400 余人，高新技术企业，2014 年 1 月 24 日在北京全国中小企业股份转让系统挂牌上市，凭借综合实力于 2016 ~ 2018 年连续三年入选创新层，成为中国生态园林行业首批新三板创新层企业（股票代码：430459）。

经过近 22 年的稳健发展，华艺已成长为集国土绿化、风景园林、生态修复、环境治理、文化旅游、城镇建设、生态维护、智慧管家的创意规划设计、营造建设、养护管理、投资开发、科研技术、咨询培训、苗木资材生产贸易等于一体的全国化生态园林企业，是安徽省最大及全国五十强园林企业。

多年来完成规划设计创意与生态营造产品达 1000 多项，优良率 95%，合格率 100%。其中部分产品先后获得了国家优良工程金奖、银奖、铜奖和安徽省建设工程"黄山杯"奖、省级优质工程、优秀园林工程"园林杯"奖、合肥市园林绿化优质工程"广玉兰奖""庐州杯"奖及其他多项优秀工程奖项，花艺设计作品多次在国际国内插花花艺博览会上获金、银、铜奖。多次被授予"安徽省园林绿化先进单位""合肥市林业和园林行业先进单位"等荣誉称号。

华艺园林充分利用创意设计与营造、科研与创新、人才与技术、信息与大数据的综合优势，持续关注生态环境健康产业同时，进一步拓展世界花园、城市物业、好养护、智慧生态园林和设计研发产业布局，引领徽风皖韵誉满全国，弘扬中华园林文化艺术走向世界。

主要项目（五年内）

郑州航空港经济综合实验区梅河综合治理工程（河南）　　灵璧县新汴河景观（安徽）

滨江广场项目（东城一号）（贵州）　　　　　　　　　　董大水库溢洪道绿化景观（安徽）

濮阳市海绵城市公园绿地建设（河南）　　　　　　　　　南陵县 2017 年绿化提升工程（安徽）

域泰·城南·泰和苑（陕西）　　　　　　　　　　　　　九江明阳厂区员工活动区景观项目（江西）

淮北市桓谭公园廉洁文化主题园（安徽）　　　　　　　　温州生态园三垟湿地北部片区生态建设工程（浙江）

安徽新华学院校园园林景观提升改造（安徽）　　　　　　宝尔门业厂区改造项目（河南）

所获荣誉

2018 年董大水库溢洪道绿化景观工程护色剂荣获第八届艾景奖国际景观设计大奖年度优秀景观设计奖

2017 年安徽新华学院校园园林景观提升改造工程设计荣获第七届艾景奖国际景观设计大奖年度优秀景观设计奖

2017 年灵璧县钟灵广场延续段（南段）景观工程设计获 2017 年度安徽省优秀工程勘察设计行业奖"园林和景观工程"一等奖

2017 年"春晓"花境荣获 2017 年首届中国花境竞赛金奖

2016 年怀远县 S307 道路园林景观工程设计荣获 2016 年度园冶杯市政园林奖（设计类）金奖

2015 年安徽名人馆室内庭院景观设计荣获第五届艾景奖国际景观设计大奖年度十佳景观设计奖

2018 年荣获第八届艾景奖国际景观设计大奖年度十佳景观设计机构奖

2017 年荣获第七届艾景奖国际景观设计大奖年度十佳景观设计机构奖

2016 年荣获第六届艾景奖国际景观设计大奖年度十佳景观设计机构奖

2015 年荣获第五届艾景奖国际景观设计大奖年度十佳景观设计机构奖

广东中绿园林集团有限公司

公司简介

广东中绿园林集团有限公司（以下简称中绿集团），始建于 2002 年，历经十余载不懈努力，成为拥有规划设计、施工运营全产品线，具备"规划 – 设计 – 施工 – 运营 – 体化"能力的国家级高新技术企业。

中绿集团业务涵盖工程建设、生态景观设计与整治、水环境综合治理与修复、环保工程等多个领域，为广大客户提供最满意的产品和服务。总体上，形成了研发、设计、建设、运营生产四大支柱产业。业务遍及全国二十多个省市和地区。

集团拥有风景园林工程设计甲级、城市园林绿化壹级、市政公用总承包壹级、环保工程专业承包壹级及清洁卫生甲级、生物防治甲级及造林工程、建筑工程等多项资质及自主创新知识产权；下属四个子公司，职工近 1000 人（中、高级专业技术人员 270 余人）。已通过 ISO9001、ISO14001、OHSAS18001 三大体系认证。

优质的产品与服务为中绿集团赢得广大客户与业主的赞誉、口碑的同时，也在业内树立了极具影响力的品牌形象。中绿集团先后当选为广东省风景园林协会常务理事单位、深圳市风景园林协会副会长单位、中国卫生有害生物防制协会理事会常务理事单位。历年来荣获国家级奖励 40 余项，省部级奖励 20 余项，市级奖励 20 余项。包括：2010-2015 连续六年荣获"全国城市园林绿化企业 50 强"、2007-2017 连续 11 年广东省守合同重信用企业；2014-2015 年度国家守合同重信用企业、"中国城市绿化建设突出贡献企业""中国造林绿化优秀施工企业""中国园林绿化行业优秀企业""2017 年度杰出景观设计机构""中国屋顶绿化与节能优秀企业"等。

新时代，新征程。中绿人已将"生态、创新"凝为血液，紧紧围绕"客户需求、绿色生态、科技创新"三大要素，深度融合、不断突破，实现中绿集团与生态环境事业的可持续发展。

主要项目（五年内）

妈湾片区道路环境综合提升工程（广东）	松岗街道 107 国道（广东）
深圳光明荔湖公园（广东）	公明森林公园（广东）
北环大道绿化品质提升（广东）	布龙路景观提升工程（广东）
马田街道办社区环境提升项目（广东）	深圳市公园管理中心 2019 年"花城建设"项目（广东）
大浪街道城中村综合环境提升项目（广东）	龙华环城绿道大水坑段月季园（广东）
石洲河湿地修复项目（广东）	凤塘河口红树林修复与示范区工程（广东）
深圳光明文化公园（广东）	南宁园博园深圳园（广西）
航城街道九围社区公园新建工程（广东）	

所获荣誉

全国城市园林绿化企业 50 强	中国园林绿化行业优秀企业
广东省二十强优秀园林企业	中国城市园林绿化建设突出贡献企业
广东省优秀园林企业	连续六年中国园林绿化 AAA 级信用企业
深圳市十强园林和林业企业	连续 11 年当选为广东省守合同重信用企业
中国城市园林绿化建设突出贡献企业	国家高新技术企业
AAA 级信用企业	中国屋顶绿化与节能优秀企业
年度杰出景观设计机构	有害生物防治服务行业优秀企业
中国造林绿化优秀施工企业	绿地养护优秀企业

深圳国艺园林建设有限公司

公司简介

　　深圳市国艺园林建设有限公司是于 1999 年由深圳市工商行政管理局核准设立的独立法人公司，注册资金 1.38 亿元。经中华人民共和国建设部核定，2001 职业健康安全管理体系等认证；公司是深圳市风景园林协会、深圳市清洁协会、广东省风景园林协会、中国风景园林学会、中国工程建设行业协会等多个机构的资深会员。被评为 2008-2016 年度"广东省二十强优秀园林企业"、2008-2009 年度"深圳市十强园林企业"、2008-2009 年度"深圳市特色园林企业（高尔夫养护）"、2008-2016 年度广东省"守合同重信用企业"、"中国园林绿化 AAA 级信用企业"、2016 年度全国城市园林绿化企业 50 强。

　　建设精品项目，服务业主单位，营造绿色环境，回报社会大众。深圳市国艺园林建设有限公司愿以一流的管理、优质的服务、先进的技术，在园林绿化建设方面做出更大的贡献！

主要项目（五年内）

衡阳国贸前海湾景观设计（衡阳）

定南蓝湾里景观设计（江西）

六盘水明硐湖国际新城地块三项目（贵州）

福建武平客都汇景观设计（福建）

市公园管理中心森林质量精准提升工程勘察设计（广东）

公园管理中心 2018 年城市品质提升各项工程设计服务项目 A 标段（广东）

贵州妇女儿童国际医院园林绿化景观设计（贵州）

大鹏雕塑广场等 6 个景观提升工程（广东）

宝安大道绿化带提升工程（广东）

公共绿地绿化提升工程（广东）

寻乌蓝湾半岛景观设计（江西）

康美通城健康新城（湖北）

所获荣誉

全国城市园林绿化企业 50 强

中国园林绿化 AAA 级信用企业

广东省企业 500 强

广东省 20 强园林企业

广东省二十强优秀园林企业

广东省诚信示范企业

广东省园林绿化企业信用等级 AAAAA 企业

广东省著名商标企业

深圳市十强园林和林业企业

深圳市 A 级纳税人

深圳知名品牌企业

武汉华天园林艺术有限公司

公司简介

　　武汉华天园林艺术有限公司成立于 2002 年，是全国园林绿化行业 50 强，城市园林绿化壹级、风景园林工程设计专项甲级、市政公用工程施工总承包贰级、环保工程专业承包叁级、古建筑工程专业承包叁级资质企业。

　　公司是园林行业标准制定的参与者，是湖北省唯一一家参与修订《全国城市园林绿化行业管理办法》和《全国城市园林绿化企业资质标准》；湖北省唯一一家参与编制 2009 年、2014 年、2018 年《湖北省园林定额》的园林企业。曾参与修订《武汉市城市绿化条例》，代表武汉市发布园林植物材料参考价。

　　公司主营园林设计、园林工程施工和养护，拥有千余亩苗木生产及苗木培育研发基地；公司专注于园林产业各环节资源的整合，拥有数百家从园建到绿化、从水电到雕塑的劳务合作群；拥有无地域、无边界的材料资源动态数据库和供应商网络，拥有以设计大师为龙头的优质、高效设计团队，现业务已拓展至水体生态修复与治理等生态环保领域。

　　满意 高效 创新 共赢——是华天园林永恒的承诺，也是每个华天人的行为准则。

主要项目（五年内）

中国（淮安）国际食品博览中心项目景观设计（江苏）　　武汉大学樱花大道园林景观改造设计（湖北）

凤凰湖水系治理及景观绿化建设工程项目设计（安徽）　　东坡赤壁龙王山植物园概念规划设计（湖北）

甘河多巴新城段河道综合治理工程景观部分设计（青海）　　汉阳江滩高架长廊改造加固（湖北）

武汉市轨道交通蔡甸线工程车站装修设计（湖北）　　洪山区石牌岭公园景观设计（湖北）

三川德青环保产业研发和中试基地景观设计（湖北）　　桃源农耕文明体验园（湖北）

所获荣誉

全国园林绿化企业 50 强　　中国建筑文化研究会风景园林委员会副会长单位

湖北省园林绿化综合实力 20 强　　湖北省风景园林学会副理事长单位

国家高新技术企业　　武汉市风景园林学会副理事长单位

信用等级 AAA 企业　　武汉市城市园林绿化企业协会副会长单位

纳税信用 A 级企业　　武汉市工商联合会会员单位

2003-2018 年连续十五年获评湖北省"守合同重信用企业"　　湖北省四川商会常务副会长单位

全国施工行业质量安全管理先进单位　　湖北省民营经济研究院副理事长单位

武汉市农民工最佳用人单位　　中国光彩事业武汉促进会副会长单位

環球地景設計
L.J.DESIGN LIMITED

环球地景设计有限公司

公司简介

L.J.DESIGN LIMITED 是一家具有国际视野的公司，我们秉持"让自然重归城市，人类重归自然"的理念，迎接着世界各地新景观建筑的挑战。

L.J.DESIGN LIMITED 汇聚了来自全球各地的优秀人才，成员们各有所长，在不同领域具有丰富的项目经验，包括景观设计、规划设计、建筑设计、室内设计、平面设计。

L.J.DESIGN LIMITED 的作品往往探求创新并具创意性。我们不局限于我们所认知的设计方式，反而对惯常做法提出疑问，力促利用累积经验拓展新的方法与技术，不断创新求变，不安现状，勇于挑战自我，让团队始终着保持青春活力。

L.J. 相信，设计是人与自然、时间与空间的探索和对话。

设计不单是设计，也是设计人在空间中游走和活动的体验，更是人对自然最纯粹的思考，最终让人类文明与自然环境包容结合，达到和谐的平衡状态。

我们献身于可持续的、具前瞻性的、不朽的设计创作。

主要项目（五年内）

世界·阆中文旅康养小镇规划设计（阆中）	中建·葛店之星示范区景观设计（鄂州）
灵岩山景区规划设计（成都）	鄂州·葛店 P 号地块景观设计（鄂州）
蒙顶山·佛禅寺规划设计（雅安）	梓山郡景观设计（湖北）
剑门关 5A 景区规划设计（广元）	联投半岛别墅景观设计（武汉）
秦皇岛绿色度假村规划设计（秦皇岛）	水乡小镇景观设计（湖北）
柏萃花木村规划设计（成都）	梧桐郡示范区景观设计（武汉）
杏花村国际文化集镇景观设计（成都）	泷州新城酒店及别墅景观设计（罗定）
58 新经济产业园景观设计（成都）	都江堰水郡别墅景观设计（都江堰）
联投·梓山郡栖梦台景观设计（咸宁）	南一岛景观设计（湖北）
麓山国际·黑檀庄园景观设计（成都）	日不落景观设计（琅勃拉邦）

所获荣誉

园冶杯 2018 年度优秀设计机构

园冶杯 2018 年度地产园林（方案类）金奖

第八届艾景奖年度十佳景观设计机构

第八届艾景奖年度十佳景观设计·城乡公共空间

中国人居范例奖·2018 年中国十大创新典范宜居别墅

2013 年"创新杯"BIM 大赛建筑设计奖及绿色分析奖

洞庭湖博物馆建筑设计方案第二名

"给香港一份 GIFT"第一名

【TOKYO】Music Centre 第三名

陕西意景园林设计工程有限公司

公司简介

陕西意景园林设计工程有限公司成立于 2003 年，根植于三秦大地。公司以园林业为龙头，是集园林工程、景观设计、海绵城市、美丽乡村、城市双修、城乡规划、旅游规划、市政、照明、林业、环保、园林古建、装饰装修等于一体的国家级大型综合性设计施工甲级企业。

意景园林现有各种经营资质 11 项，其中 6 项为甲级资质，集团旗下拥有 6 家子公司，2 大设计院，30 家分公司，1 个爱心助学基金会，并自主合作经营苗圃 3300 亩。经过 12 年的专注与积累，公司现拥有员工 300 余人，其中本科以上学历及拥有高、中级技术职称的各类专业人员约占总人数的 60%。

公司以"缔造精品工程，建设美好生活"为己任，一贯秉承"卓尔不凡，精益求精"的企业准则，用细节彰显园林典范，从规划设计、工程建造、苗木培育、后期养护的全产业链中提炼、锤造并整合出了独具意景文化内涵特色的园林风格，意景引领风景园林行业的风向标，走行业产业差异化发展战略，积极响应国家号召，在传统园林的基础上，升级整合融入海绵城市、美丽乡村等生态建设领域，为城市发展建设和社会经济繁荣做出了卓越的贡献，得到了社会各界的广泛关注及高度认可，以雄厚的技术实力赢取了多项表彰与荣誉。

成为行业先锋是我们的使命，做受人尊敬、与时俱进的百年企业是我们的梦想。我们意景人将怀揣着感恩之心，本着永不褪色的拼搏精神，坚定扎实、果敢无畏地向着"意景梦"前行！

主要项目（五年内）

西安国际港务区南大门门户景观提升设计项目（陕西）	西安理工大学金花校区绿化规划设计项目（陕西）
阎良区绿化提升设计（陕西）	长安三水厂周边绿地公园方案设计（陕西）
西临高速出口景观绿化提升工程（陕西）	西安理工大学金花校区绿化规划设计项目（陕西）
空港新城"三街两村一环线"项目（陕西）	兴咸广场景观设计（陕西）
美丽乡村示范村建设项目设计招标（陕西）	沣西新城沣渭大道景观绿化工程设计（陕西）
西安市凤景小学校园绿化工程项目设计（陕西）	西安国际港务区南大门门户景观提升设计项目（陕西）
迎宾路绿化提升项目设计（陕西）	阎富连接线南廷改建项目设计（陕西）

所获荣誉

全国园林绿化 AAA 级信用企业	年度十佳景观设计机构
陕西省林业产业龙头产业	风景园林专业学位研究生培养基地
陕西省行业品牌企业	支持青少年艺术发展贡献奖
河北省建设工程招标投标诚实守信 3A 级施工企业	航天基地东湖公园设计竞赛一等奖
陕西省文化产业示范基地	2018 年度园林绿化优秀企业
中国景观园林优质金奖工程	优秀园林工程奖
中国园林综合竞争力百强企业	陕西省园林行业 2017 年度诚信企业

华诚博远工程技术集团有限公司

公司简介

华诚博远工程技术集团有限公司最早成立于 1993 年 1 月，具有建筑行业（建筑工程）甲级、城乡规划编制甲级、风景园林工程设计专项甲级、市政行业（道路工程、给水工程、排水工程）专业乙级、电力行业（新能源发电）专业乙级资质。经北京市科委、北京科技咨询业协会评审，认定为"北京科技咨询信用单位"。2011 年起即经北京勘察设计行业协会评为《北京地区工程勘察设计行业诚信单位》。

公司自成立以来，先后承接了文化体育、办公、居住、医疗、工业、室内、商业综合体等多领域工程设计及相关工程咨询服务，业务遍及全国。由资深设计师组成的高水平设计团队，以先进的设计理念、丰富的设计经验、高质量的设计作品、良好的设计服务信誉，赢得了业主肯定和业内广泛好评。我们发扬"诚信、创新、增长、高效"的企业精神，积极开拓市场。以先进的技术、周到的服务、高效的管理、最佳的效益为目标，不断实现技术与管理创新，努力成为国内知名企业。

主要项目（五年内）

楚国八百年城市公园（湖北）

洪河滨河绿地西段项目(钢花路－烟厂路)勘察、设计（河南）

东苕溪德清段沿岸提升工程（浙江）

山东泰安天颐湖泰山花海景观设计（山东）

自流井区"花满盐都"现代农业花卉主题园（四川）

陕西省西咸新区沣东新城道路绿化工程（陕西）

琉璃河镇燕都古城湿地（北京）

榆溪河生态长廊工程（陕西）

八达岭孔雀城别墅区（北京）

酒泉万达广场（甘肃）

成都万达城五星酒店、文旅主题酒店（成都）

贵州万豪商贸总部（贵州）

贵州黔南州中医医院新院区（贵州）

兰州市安宁区瑞南紫郡超高层（甘肃）

所获荣誉

中国最具品牌价值建筑设计机构

第三届"艾景奖"国际园林景观规划设计大赛年度十佳设计奖

第五届"艾景奖"国际园林景观规划设计大赛年度十佳景观设计奖

2016 年度潍坊市优秀城乡规划设计奖（城市规划类）一等奖

2016 年度潍坊市优秀城乡规划设计奖（村镇规划及建筑类）二等奖

2016 年度潍坊市优秀城乡规划设计奖（村镇规划及建筑类）三等奖

2016 年度潍坊市优秀城乡规划设计奖（建筑设计类）三等奖

第八届"艾景奖"国际园林景观规划设计大赛年度十佳设计机构

第八届"艾景奖"国际园林景观规划设计大赛年度十佳景观设计奖

第八届"艾景奖"国际园林景观规划设计大赛年度优秀景观设计奖

浙江省"优秀园林工程"金奖

第九届中国人居典范建筑规划设计竞赛最佳建筑设计金奖

北京昂众同行建筑设计顾问有限责任公司

公司简介

昂众设计（ANG ATELIER），是一家专注于建筑、景观与规划设计的国际事务所，现有北京、广州和洛杉矶三个工作室。北京昂众同行建筑设计顾问有限责任公司，简称昂众设计（北京），目前以景观及规划类项目为主。公司组织框架清晰，核心人员稳定，共同经历公司初期发展的 10 余年，形成高效明晰的公司管理制度。团队核心骨干均曾就职于国际著名景观及建筑规划设计公司，包括国家一级注册建筑师、注册规划师、海归设计师等精英，主创设计师拥有多年的专业工作背景，实践经验丰富。团队成员的专业构成上，由城市规划、建筑、园林、环境艺术、平面设计、土木工程等多学科多专业的设计精英组成，在实践中强调和注重学科间的协调互动。项目管理与运营体制规范，项目实践经验丰富，致力于由前期概念规划、方案设计、施工图设计、施工配合、竣工回访的全程设计服务，保证项目真正落到实处。

业务类型涵盖地产类、市政公共类、商务办公类、概念规划类共计四大类景观项目。自成立至今，稳扎稳打，在国内及海外已完成各类型园林景观的建成项目 1000 余万平方米，项目管理与实践经验丰富，由概念方案到建设实施全程跟进，保证各类型项目真正落到实处。在多年的设计实践中，对多个景观科研课题进行系统研究，理论与实践相结合。

现阶段北京公司以景观设计为主，景观项目类型主要包含：

（1）地产类——居住区景观、别墅庭院、花园；

（2）市政公共类——城市公园、广场、河道景观、道路绿带；

（3）商业办公类——商业街、商务办公、酒店、疗养、产业园；

（4）规划类——风景区、旅游度假区、居住区修规、城市设计。

主要项目（五年内）

金茂丰台金茂广场（北京）	融创中央学府（天津）	北京梅兰芳大剧院景观（北京）
金茂亦庄金茂府（北京）	融创盛世滨江（上海）	北京二七剧场景观（北京）
金茂亦庄逸墅（北京）	融创无锡熙园（无锡）	北京 PICC 总部景观（北京）
金茂天津上东金茂府（天津）	融创无锡亚美利加（无锡）	黄骅南海公园（黄骅）
金茂青岛金茂悦（青岛）	融创宜兴汏园别墅（宜兴）	佳木斯沿江公园（佳木斯）
金茂济南奥体金茂府（济南）	融创烟台迩海（烟台）	学府四道街带状公园（哈尔滨）
绿城玉林春江花月（玉林）	融创融公馆（西安）	中国原子能科学院景观（北京）

所获荣誉

汕头黄金海岸滨海小镇荣获第 55 届美国金块奖 (Gold Nugget Awards 2018) 最佳国际在建项目 - 商业及住宅类优秀奖

第七届艾景奖国际园林景观规划设计年度十佳景观设计机构奖

烟台融科迩海景观设计荣获第七届艾景奖国际园林景观规划设计年度十佳景观设计奖

天津融创中央学府景观设计荣获 2017 中国最具特色规划及建筑景观设计大会中国最具特色十佳项目作品

哈尔滨学府四道街景观设计荣获"中国营造"2011 全国环境艺术设计大展铜奖（专业组景观设计类）

北京亦庄金茂府荣获第 13 届金盘奖华北赛区年度最佳住宅奖

金茂天津成湖项目示范区（天津上东金茂府）荣获第 13 届金盘奖华北赛区年度最佳预售楼盘奖

北京丰台金茂广场荣获第八届艾景奖国际园林景观规划设计年度优秀景观设计·园区景观设计奖

黄骅南海公园荣获第八届艾景奖国际园林景观规划设计年度十佳景观设计·公园与花园设计奖

南京匠森建筑景观规划设计有限公司
Nanjing Geo- innovation Architecture Landscape Design Co.Ltd

公司简介

　　南京匠森建筑景观规划设计有限公司，坐落于具有丰厚文化底蕴的南京鼓楼区老学堂创意园，是一家专业从事园林景观、旅游规划、建筑设计、项目咨询等综合性和全程性的设计服务机构。公司以"匠心筑园聚景呈森"为企业发展理念。公司设计团队由一群追寻梦想、热爱设计、具有丰富工程经验、扎实理念功底、富于创新和充满激情的中青年设计师组成。形成具有甲级资质的城市规划、风景园林、建筑设计、市政设计的合作联盟，并与省市科研院校开展合作，自成立以来，承接并完成近 200 余项大中型工程项目，多次评为有功单位、优秀设计单位，并且获得了多项大奖。

　　匠森设计多年以来一直追求在创新中求突破，在突破中求发展；我们始终从客户利益出发，在项目上力求达到发展与保护，投资与效益的可持续发展的最佳平衡，并以促进文化的多元和延续、人与自然的和谐共生为核心，使项目根植于文化背景、融入本土环境，打造具有针对性的地域景观。

　　匠森设计紧跟时代步伐，坚持精益求精、严谨敬业的工匠精神，秉承着贯彻现代设计语言的优良传统，积极主动的项目服务，全面综合的跨专业思考，以诚意、创新之作开启城市、生活新锋范。

主要项目（五年内）

兰陵中医医院新院景观规划设计（山东）	临沂市经济技术开发区小埠东干渠景观规划设计（山东）
临沂市月亮湾居住区景观设计（山东）	莒南鸡龙河湿地公园景观提升工程（山东）
临沂市东城社区幼儿园景观设计（山东）	山东省莒南第一中学景观设计（山东）
临沂极地海洋世界景观规划设计（山东）	临沂开发区沭河西路北段工程景观设计（山东）
临沂"花乐谷"总体规划设计（山东）	南京市青奥环境提升方案（江苏）
临沂高新区体育休闲长廊规划设计（山东）	南京科亚科技创业园景观设计（江苏）
临沂市动植物园改造提升设计（山东）	南京天宝龙泽苑居住区景观设计（江苏）
临沂经开区芝麻墩李公河体育公园景观设计（山东）	宿迁市江山大道道路绿化设计景观提升设计（江苏）
临沂经济技术开发区滨河花苑景观设计（山东）	句容市锦隆花园景观设计（江苏）
沂蒙水利建设展览馆建筑景观优化提升设计（山东）	句容国家农业科技园规划设计（江苏）
临沂高新区老龙沟湖北路至南涑河综合整治方案设计（山东）	众彩物流园全域旅游规划（江苏）
	江宁区汤山街道孟墓社区陈坊村绿地设计（江苏）
临沂青少年示范性综合实践基地规划设计（山东）	江宁区龙尚湖环水库道路设计（设计）

所获荣誉

第八届艾景奖国际园林景观规划设计大会年度优秀景观设计机构	2014 年临沂市青少年示范性综合实践基地建设优秀设计单位
第八届艾景奖国际园林景观规划设计大会年度十佳景观设计	2013 年度建设国家级临沂经济技术开发区有功单位
第八届艾景奖国际园林景观规划设计大会年度优秀景观设计	中国风景园林网理事单位
2017 年度园冶杯专业奖国际竞赛——市政园林（设计类）银奖	江苏省研究生工作站
	第四届山东省城市园林绿化博览会大奖
2017 年度园冶杯国际竞赛——城市设计奖银奖	临沂开发区住房建设局优秀设计单位
2017 年度园冶杯国际竞赛——市政园林奖（主题公园类）铜奖	南京林业大学大学生创业实训基地
	金陵科技学院学研基地
2015 年临沂开发区优秀合作单位	

苏塞印象（武汉）园林景观设计院

公司简介

　　苏塞印象于 2017 年合并多家园林单位重组，成立苏塞印象（武汉）园林景观设计院，坐落在中国园林城市——武汉。多年来以规范、专业、创新、共赢的经营理念，高效贴心的服务，团结协作、敬业负责、服务奉献、求实进取的企业精神，始终贯彻以追求合作伙伴最大利益为目标，竭诚为合作伙伴提供最大程度的保障。

　　苏塞印象专注于园林环境生态，并致力于商业模式创新，聚焦私家花园，别墅庭院设计，住宅，校，园区景观设计，城市公园，绿地景观规划与设计，休闲农业与旅游度假区规划与设计，建有多个地级市区域服务中心和管家式运营管理模式，面向全国覆盖，全力打造行业细分领域领导品牌。

　　企业使命：让天更蓝，让水更清，让地更绿。

　　企业愿景：打造行业细分领域领导品牌。

　　核心价值观：客户为本，厚道共赢。

　　理念：提供专业服务，创造美好生活。

主要项目（五年内）

碧桂园泊林 6-36 别墅花园设计与施工（宜昌）	碧桂园观山悦 3-28 花园别墅设计与施工（宜昌）
碧桂园钻石郡 2-6 别墅花园设计与施工（宜昌）	世纪山水 65-2 花园别墅设计与施工（宜昌）
碧桂园钻石郡 2-23 别墅花园设计与施工（宜昌）	世纪山水 78-1 号花园别墅设计与施工（宜昌）
碧桂园钻石郡 2-60、62 别墅花园设计与施工（宜昌）	URD-C 区 27-1 花园别墅设计与施工（宜昌）
碧桂园御园 1-11 别墅花园设计与施工（宜昌）	URD-C 区 15-1 花园别墅设计与施工（宜昌）
碧桂园观山悦 2-3 别墅花园设计与施工（宜昌）	碧桂园凤仪湾 8-7 花园别墅设计与施工（荆门）
碧桂园观山悦 2-9 别墅花园设计与施工（宜昌）	碧桂园凤栖岛 2-7 花园别墅设计与施工（荆门）

所获荣誉

中国建筑文化研究会风景园林委员会常务理事单位

世界人居（北京）环境科学研究院常务理事单位

《世界人居》杂志常务理事单位

《花园集》俱乐部理事单位

荣誉参建 2019 中国·北京世界园艺博览会澳大利亚园

陕西三木城市生态发展有限公司

公司简介

陕西三木城市生态发展有限公司创立于 2003 年，深耕西安十余载，一直倡导人与城市、与自然的和谐共融与可持续发展，通过"三木三生（生产、生活、生态）"理念，实现与城市有机共生，以生态城市、低碳环保、海绵城市、管廊建设等世界先进城市规划建设理念为发展方向，为"建设美丽城市创造美好生活"砥砺前行。

自成立以来，公司遵循"以人为本，天人合一"的和谐生态理念，坚持"以信誉为源泉，以质量为生命"的管理原则，经过十多年的发展，积累了丰富的园林绿化施工经验，建立了科学的管理体系及完整的产业链，为陕西城市风貌、生态人居、生态工业园区及城市生态、生活环境改善及理念提升做出了巨大贡献。不论省内外城市，所有施工项目合格率均为 100%，其中优良率在 95% 以上。十余载屡获殊荣，成为中国生态环境先行者与实践家。

陕西三木城市生态发展有限公司不仅拥有一支人员素质高、技术能力强、重质量、讲信誉、善沟通、作风好的员工队伍，更拥有健全的各项管理体系和动态全套管理制度；三木人秉承"自强、自立、务实、创新"的企业精神，在同行业中享有极高赞誉。

三木城市目前已形成了集策划、规划、设计、研发、建设、生产、资源循环利用，以及生态旅游运营、城市环境设施运营等为一体的完整产业链，能够为客户提供一揽子生态环境建设与运营的整体解决方案。

主要项目（五年内）

西安世园公园提升改造工程（西安）

华为西安全球交换技术中心及软件工厂项目（西安）

周至绿道工程 A 段（白马河 - 耿峪河）景观设计（周至）

固原市生态殡葬建设项目规划设计（周至）

阿姑泉生态农业观光园总体规划（西安）

天汉文化公园 E 区景观绿化工程（汉中）

富平县石川河（城区段）滨河公园南岸景观工程（渭南）

温泉河河道综合治理景观设计项目（渭南）

富平县石川河（城区段）二期综合整治项目设计（渭南）

延安新区北区文化公园（延安）

西安市碑林区城市管理局园林绿化景观提升设计项目（西安）

西部云谷二期绿化景观设计项目（咸阳）

西安高新区道路绿化改造提升工程施工七标段（西安）

延安新区杨家岭植被恢复项目工程总承包（延安）

所获荣誉

2015 年　荣获"2014-2015 年度华为基建业务工程类优秀供应商"

2015 年　西安高新区三星片区景观绿化治理工程一标段 荣获"陕西省园林绿化优质工程奖"

2015 年　陕西省省直机关三爻小区 D、E 区景观绿化工程 荣获"陕西省园林绿化优质工程奖"

2016 年　全球交换技术中心及软件工厂项目景观绿化工程 荣获"陕西省园林绿化优质工程奖"

2016 年　西安高新区木塔寺遗址公园二期景观工程 荣获"陕西省园林绿化优质工程奖"

2016 年　荣获"2016 年度园林绿化优秀企业奖"

2018 年　咖啡街区周边绿化提升工程 荣获"陕西省园林绿化优质工程奖"

2018 年　延安新区北区文化公园荣获"陕西省园林绿化优质工程奖"

2018 年　荣获"2018 年度园林绿化优秀企业奖"

年度设计人物

AWARD DESIGNER

设计成就奖

设计新秀奖

资深景观规划师

年度杰出景观规划师

年度新锐景观规划师

第八届艾景奖国际景观设计大奖获奖作品

THE 8TH IDEA-KING COLLECTION BOOK OF AWARDED WORKS

董事长兼首席设计师

罗冰梅
Janie Luo

现任职务
环球地景设计有限公司董事长兼首席设计师

所在单位
环球地景设计有限公司

建筑学设计学士，香港大学园境建筑学硕士，香港注册景观建筑师。

罗冰梅从业十余年，原任职于 Aedas 凯达环球城市规划及园景设计有限公司，贝尔高林国际（香港）景观设计公司，担任各类综合复杂的景观建筑设计项目总监，具有丰富的海外设计专案经验。

2005 年，罗冰梅在香港创立"环球地景"，于旧金山、日本、成都三地设立分部。她不断开拓全球视野，丰富知识储备，同时，立足对中外景观设计发展史的深入思考，首创性提出"让自然重归城市，人类重归自然"的思想理念，肩负起历史责任、社会担当，推动人类文明与自然环境的融合共生，创造更生态的居住环境。罗冰梅具有高度的景观建筑专业素养，在她的带领下，公司团队秉持"尊重设计，追随自然"的理念，在田园综合体（包括但不限于：特色小镇、传统村落改造等）、旅游景区规划、城市公共空间、绿地系统规划、商业及住宅景观设计等不同领域均有建树，赢得了业界的一致好评。

主要设计项目

世界 · 阆中文旅康养小镇规划设计	梧桐郡示范区景观设计
灵岩山景区规划设计	泷州新城酒店及别墅景观设计
蒙顶山 · 佛禅寺规划设计	都江堰水郡别墅景观设计
剑门关 5A 景区规划设计	南一岛景观设计
秦皇岛绿色度假村规划设计	琅勃拉邦 · 日不落景观设计
柏萃花木村规划设计	韶关 · 万通城景观设计
杏花村国际文化集镇景观设计	韶关 · 印象城景观设计
58（成都）新经济产业园景观设计	莱西 · 市民广场景观设计
联投 · 梓山郡栖梦台景观设计	长沙 · 金鹰广场景观设计
麓山国际 · 黑檀庄园景观设计	衡阳 · 金相综合小区景观设计
中建 · 葛店之星示范区景观设计	武汉人信广场景观设计
鄂州 · 葛店 P 号地块景观设计	广州科学城莱迪科技创意园景观设计
梓山郡景观设计	湛江 · 嘉和广场景观设计
联投半岛别墅景观设计	吉林 · 龙兴港湾小镇商业综合体景观设计
水乡小镇景观设计	济南 · 中豪大酒店景观设计

获奖情况

第八届艾景奖国际景观设计大奖个人成就奖

园冶杯 2018 年度优秀设计师

总经理兼首席设计师

房希
Fang Xi

现任职务
上海睿途文化创意有限公司　CEO

所在单位
上海睿途文化创意有限公司

房希先生作为新锐设计师、是旅游建筑设计的早期探索者与实践者。艺术设计出身，毕业于香港理工大学酒店与旅游管理硕士，偏爱建筑、钟情旅行。2010 年，带着对艺术的执着、对旅游的热爱，他从建筑设计行业投身旅游规划。从此，他把规划足迹中遇到的每个景区、景区里的每栋房子甚至一把座椅、一个路灯，都当作一件艺术品来看待。八年来，他的笔下诞生出无数优秀的作品。大到数万亩的旅游小镇、田园综合体、景区，小到民宿、度假村；长到百余公里的慢行绿道，短到层次丰富的滨海栈道，他的作品不断落地建成并极大地推动了项目地迈向优质旅游目的地的进程，成为景区创建国家 5A 级的极大推动力。

研究领域主要为：景区创新体验产品、创意旅游综合体、田园综合体。

主要设计项目

贵安新天地旅游度假区总体规划及修建性详细规划

浙江牛头山景区总体规划及创 5A 提升规划

江苏连云港连岛景区提升规划

浙江广电集团影视文化主题乐园规划设计

南京水墨大埝念山民宿建筑设计

大理环洱海慢行系统详细设计

上海州桥老街业态提升策划

金华金华双龙洞景区创 5A 提升规划

安徽牯牛降景区创 5A 提升规划

高邮湖新民滩景区修建性详细规划

苏州木渎古镇总体策划

云南保山 21℃旅游度假区总体规划

保利·遂宁养生谷度假区规划设计

资阳幸福谷婚庆文化度假区规划设计

乐至闲宁村民俗文化度假区规划设计

南京九华村美丽乡村振兴项目规划设计

杭州湾海皮岛水上乐园规划设计

卓尔·桃花驿小镇田园综合体

贵州惠水虹涟花谷生态农业旅游综合体修建性详细规划

绥阳新场村田园综合体总体规划

获奖情况

2015 年 主持设计的南京九华村，被评为全国文明村。

2016 年 主持设计的保利·遂宁养生谷度假区获得 2016 年《中国建筑景观规划设计原创作品展》设计影响中国—规划设计一等奖。

2016 年 主持设计的卓尔小镇桃花驿荣获 SMART 乡创年度最佳乡创小镇

2017 年 主持设计的卓尔小镇桃花驿田园综合体入选湖北省 2017 优选旅游项目

资深景观设计师

周旋
Zhou Xuan

现任职务
上海林同炎李国豪土建工程咨询有限公司
主任设计师 中国风景园林协会会员

所在单位
上海林同炎李国豪土建工程咨询有限公司

周旋女士从事景观规划设计十七年，致力于景观、规划、建筑等跨专业交叉合作的综合设计研究。曾就职于国际知名的景观设计公司，将前沿的设计理念与不断变化的社会需求相结合，秉承传统与创新相结合的设计手法，设计作品涵盖文旅策划、居住区景观、公共景观、城市更新、美丽乡村等类型，对景观设计有深刻的领悟与独到的见解。以"生态、原创、文化、卓越"为中心，树立自己的设计观、价值观，力求每个作品都能够挖掘场地原有特质并因势利导，最终形成超越甲方预期的设计。

主要设计项目

绿地新村沙项目 C-04 地块景观设计

绿地长岛新村沙地块 A-07 地块景观设计

弘阳滁州时光澜庭景观设计

弘阳苏州弘阳上府景观设计

常熟市海虞镇 A03 地块景观工程设计

义乌北苑街道景观提升改造工程

义乌江滨街道景观提升改造工程

义乌江东街道景观提升改造工程

普安新城商业街景观设计

亿城上山间云仓儿童中心景观设计

天津长荣产业园景观设计

金华大佛寺景观规划

山东寿光市尧河跨弥河大桥工程景观设计

奉贤南桥新城浦南运河景观桥梁规划方案

上海临平北路绿地景观设计

上海临空慢行系统外环线以东道路桥涵整治工程景观设计

上海长宁外环林带生态绿道景观设计

上海高桥港两岸健身步道景观设计

上海普陀区 2019 年绿道建设工程景观设计

上海普陀区苏州河沿线综合整治工程景观设计

上海普陀区宋家滩绿地景观设计

贵阳安龙旅游绿道景观设计

新泰市柴汶河生态保护修复工程

山东淄博周村经济开发区淦河滨水景观设计

南京江宁区市民公园（杨家圩）景观改造

横琴湿地公园景观设计

贵州兴仁公园景观设计

普安新城体育公园景观设计

新疆达坂城站前广场景观设计

总裁兼首席设计师

李春松
Li Chun Song

现任职务
中境工程咨询集团
总裁兼首席设计师、硕士研究生、高级工程师

所在单位
中境工程咨询集团

李春松、男、1983 年 2 月、漳州人、硕士研究生学历、高级工程师。

现担任中境工程咨询集团（园林、照明双甲）总裁兼首席设计师，集美大学美术学院设计艺术学（环境设计方向）硕士研究生校外导师。

李春松先生长期奋斗在房屋建筑和市政基础设施领域推进全过程咨询服务的一线，主持各类建筑、市政、园林、照明、装修装饰工程项目上百项，曾荣获中国园林行业协会专辑评审委员会综合评定为"2018 年全国园林绿化优秀企业家"和"2018 年全国园林绿化优秀项目经理"等荣誉称号，福建省发改委园林、照明工程专家库专家成员，涉及领域及方向主要有市政行业投资咨询、招标代理、勘察、设计、监理、造价、项目管理等全过程综合性咨询服务，县、市级重大专项投资项目的建设规划、产业改革、环境生态安全技术标准及相关审批和分析研究及论证，建筑、市政和园林、照明、装修装饰工程总承包服务。

主要设计项目

天沐温泉国际旅游度假村房地产开发

漳州市海尚公馆房地产开发

贺州市姑婆山天沐温泉国际旅游度假区房地产开发

柘荣县东部新城总体规划及城市设计

松溪县"十三五"国民经济和社会发展规划

松溪县充电桩专项规划

古田县玉田公园提升工程（二期）—环山步道 EPC

古田县长寿路景观改造提升 EPC 工程

古田县政府大院改造提升 EPC 工程

平和县"红色文化旅游"综合提升 EPC 工程

第六届福建省菊花展览厦门展区布展 EPC 工程

宁德市古田县闽江古田溪景观设计

宁德市古田滨河公园景观设计

宁德核电基地整体规划景观设计

宁德市霞浦县动车站站前公园景观规划设计

宁德市柘荣县仙屿公园景观设计

闽清县江滨公园景观设计

柘荣县仙屿公园景观设计

下浒镇卧龙岗农民休闲公园方案设计

古田县古田溪 C4 段景观设计工程

福州市闽清县大仑山公园景观设计

莆田市仙游县鲤中文化广场景观设计

漳州市东山县道路整体提升景观设计

漳州市东山县马拉松赛道两侧景观设计

南平市建阳市武夷花园二期景观设计

南平市建阳市九儒公园景观设计

南平市建阳市宋慈广场景观设计

南平市建阳市廉政文化景观设计

获奖情况

艾景奖第八届国际园林景观规划设计大赛资深景观规划师

高级工程师

胡鑫
Hu Xin

现任职务
贵州华陌规划设计有限公司
贵州中标艺景设计工程有限公司   总经理
中国风景园林学会会员   贵阳市园林协会专家
贵州大学管理学院校友会常任理事

所在单位
贵州华陌规划设计有限公司

胡先生现为贵州华陌规划设计有限公司总经理、中国风景园林学会会员、贵阳市园林协会专家、贵州大学管理学院校友会常任理事。负责项目主要以乡村旅游、休闲农业、生态修复、住宅和商业、公园风景区等方面的景观规划设计为主。胡先生设计团队在规划设计过程中始终秉承着"华夏绚丽承生态之舟，陌上花开行景观之道"的使命前行，以纯生态主义践行者的态度，倡导景观与自然的统一和谐，旨在为客户用心雕琢每一份作品，提供最合理的附加值和设计方案，并用尊重生命的态度去坚守每一寸原则，力求创造出能够陶冶心灵的完美空间。

胡先生公开发表（出版）的论文、著作、译著有《贵州关兴公路石质边坡立体生物防护技术研究》、《风景园林设计中的建构性探讨》等。

主要设计项目

印度尼西亚 Meikarta 中央公园项目

北京市卢沟桥农场概念性总体规划项目

北京市南郊农场国家现代农业公园项目

重庆市大足商业步行街项目

重庆市迎龙湖国家湿地公园项目

四川省泸州市松滩湖旅游度假区项目

陕西省汉中市镇巴县龙首·融景城小区景观项目

贵州省贵阳市朱昌镇"荷塘韵"农业产业基地项目

贵州省贵阳市花果园兰花广场项目

贵州省贵阳市花果园 V 区小学项目

贵州省贵阳市多彩贵州城鱼梁河景观项目

贵州省黔东南州岑巩县陬门关景区项目

贵州省黔东南州雷山县大塘快速通道景观项目

贵州省六枝特区凉都灵蟹瀑源仙谷休闲度假区项目

贵州省六盘水市望岳溪墅景观设计项目

贵州省六盘水市韭菜坪景区插件谷项目

贵州省清镇市安峡时代广场景观项目

贵州省清镇市丹山别苑景观项目

贵州省安顺市关岭县花江镇山体公园项目

贵州省贵定航天高级实验中学景观项目

贵州省平塘县通州镇金桥村村庄规划项目

贵州省牛场乡樱花产业带项目

获奖情况

2018 年 11 月荣获"艾景奖资深景观规划师"奖项

2018 年 7 月"清镇市物流新城华丰综合配套服务区建设项目－安峡时代广场"景观项目获金质奖，同时被评选为优秀服务供应商

2018 年 6 月"贵阳花果园兰花广场"景观项目被宏立城集团评为优秀设计项目

2017 年 8 月在六盘水落别康养生态旅游休闲度假区策划大赛中，"六枝凉都灵蟹瀑源仙谷休闲度假区方案"被六盘水市旅游局被评为三等奖

2017 年 6 月"牛场樱花产业带规划设计方案"被贵阳市牛场乡人民政府评为优秀奖

资深园林景观设计师

陈昱杉
Chen Yu Shan

现任职务
南京中山台城风景园林设计研究院有限公司
院长兼首席设计师
风景园林高级工程师

所在单位
南京中山台城风景园林设计研究院有限公司

　　陈昱杉女士自 2002 年以来，在南京中山台城风景园林设计研究院先后担任研究所所长、首席设计师等职务，并于 2018 年起担任设计院院长一职。十多年的专业积累，使陈昱杉女士对风景园林专业有了深刻的认知和感悟。在当下城市高速发展的背景下，城市的发展既离不开宏观方针政策，也离不开细部小节的营造。通过大量设计工作的实战经验积累和自身多年来的努力沉淀，陈女士在城市规划、景观设计、住宅产品等领域中完成了一个又一个优秀的设计作品。自始至终以一位设计者的角度去对待每一个项目，一如既往地以一位学者的思维去开拓每一个领域，陈女士对待设计的态度之认真、品质之保证，赢得了客户们的一致肯定与赞许。在她的带领下，公司团队设计的项目已涉及国内各个省份城市的各个领域，并获得了优秀的设计效果和群众反响，创造了良好的社会环境效益。

　　近几年来，陈女士先后主持负责了多种类型的景观设计项目，诸如居住区景观设计项目、市政公共景观项目、风景区景观规划项目、商业景观营造项目以及国家重点的美丽乡村建设项目，并在多个项目、多个领域中赢得设计奖项和客户认可。

主要设计项目

四川宜宾锦绣龙城景观设计
四川宜宾挂弓山公园一期景观设计
四川宜宾丽雅龙城景观设计
四川龙城蜜立方景观方案设计
四川宜宾丽雅江宸景观方案设计
中国米芾书法公园景观设计
林端养生公馆景观概念设计
常州凤凰驿工业文明段景观规划设计
涟水五岛公园景观设计
青岛中仁少海澜山住宅小区景观设计
大地坡 B 地块景观规划设计
南京民俗广场景观规划设计
南京雨花台雨花石文化区景观设计

南京奥体新城紫薇园景观规划设计
南京奥体新城海棠园景观设计
无锡鸿山镇唐明河景观规划设计
无锡安镇和泽园景观规划设计
宜兴周铁镇竺西公园景观设计
宜兴周铁镇竺山湖湿地公园设计
宜兴张渚镇桃花水库景区概念性规划
宜兴张渚镇桃花水库景区概念性规划
宜兴丁蜀镇西望村美丽乡村规划设计
盐城奥特莱斯广场景观规划设计
淮安南湖景区户外婚庆基地景观设计
靖江市马桥镇徐周村特色田园乡村项目景观规划设计

获奖情况

2008 年度无锡市优秀工程紫金杯奖
2014 年度南京市优秀工程设计二等奖
2014 年度南京市优秀工程设计三等奖

生态景观及照明亮化设计师

陈熠
Chen Yi

现任职务
副总经理、事业部总经理
电气高级工程师

所在单位
中境工程咨询集团

毕业于福州大学，电气高级工程师。拥有 13 年景观、照明设计等工程行业从业经验。曾就职于国内优秀的景观规划设计公司，参与主持过多个大型项目。用生态主义的思想和特有的艺术语言进行景观、照明设计。

自 2017 年任职中境工程咨询集团有限公司副总经理，作品始终贯彻生态的思想，于艺术完美结合。照明是通过对人们在城市景观各空间中的行为、心理状态的分析。通过结合景观特性和周边环境，把景观特有的形态和空间内涵在夜晚用灯光的形式来表现，重塑景观的白日风范，以及在夜间独具的美的视觉效果。

主要设计项目

厦门城市职业学院天鹅湖景观设计

宁德柘荣县东狮山游步道及驿站节点景观设计

宁德市柘荣县儿童公园景观设计

芗城区珠里村富美乡村景观设计

东山县疏港路与西铜路道路沿线及主要节点景观设计

古田县城城西公园入口绿地景观设计

莆田市仙游县木兰溪源生态主题公园景观设计

中国古田乌木博物馆概念设计

古田县城区公共厕所改造提升工程设计

古田县古屏路世茂酒店至交警大队段宜居环境提升工程设计

楮坪进乡道路绿化改造提升工程设计

南安大唐世家夜景照明设计

源昌隆庭华府夜景照明设计

迎宾城一期项目建筑夜景泛光设计

绿城·桃李春风项目售楼处建筑外立面夜景泛光设计

古田县新丰河景观亮化提升工程设计

东山岛苏峰山亮化照明工程设计

东山岛马銮湾海岸线亮化照明工程设计

中央名城夜景照明设计

平潭中湖小学项目景观园林设计

锦尚镇镇区景观夜景亮化提升改造工程设计

南平市松溪县迎宾大道绿化景观设计

南平市武夷山市百花里小区景观设计

南平市松溪县来龙山森林公园景观设计

厦门市乐安中学校园文化景观设计

厦门市双十中学漳州分校校园文化景观设计

湖南省张家界市贺龙体育中心商业景观设计

宁德市柘荣县东狮山公园景观提升改造工程

漳州市东山县疏港路道路绿化景观设计

建阳区潭山公园朱熹文化教育基地雕塑工程

获奖情况

艾景奖第八届国际园林景观规划设计大赛年度杰出景观规划师

讲师

李敏
Li Min

工作经历
2003 至今任教于广西师范大学 设计学院环境设计系，主教
建筑、园林景观、规划、室内设计。
2010 至今担任深圳市九堤空间设计有限公司设计创意总监

所在单位
广西师范大学 设计学院

1999 年—2003 年就读于湖北美术学院。

2003 年任教于广西师范大学设计学院。

2005 年成立景观设计工作室。

2010 至今担任深圳市九堤空间设计有限公司设计创意总监

2013 年成立桂林市子木景观规划设计事务所。主要运营建筑设计、规划设计、园林景观、室内设计、乡土文化设计等板块。

2016 年项目都市桃花源——湘西经开区木林坪建筑景观规划设计获 2017 年第七届艾景奖年度十佳景观设计。

教育

2003 湖北美术学院 学士学位

2016 武汉大学 硕士学位

第八届艾景奖国际景观设计大奖获奖作品

THE 8TH IDEA-KING COLLECTION BOOK OF AWARDED WORKS

新锐团队带领者

鞠秣
Ju Mo

现任职务
广东中绿园林集团有限公司
风景园林工程师 设计事务所所长、设计总监

所在单位
广东中绿园林集团有限公司

2017 年加入广东中绿园林集团任主创设计师，并于当年升任至设计事务所所长、设计总监。鞠秣先生在艺术创造力方面有着独到的见解，把景观设计、规划、建筑设计等设计领域把控好，交给客户一个超越预期的答卷。喜欢探索多领域的融合、创新，认为设计师应当具备全面的素养，无论是工业、建筑、室内、景观或者是产品、形象都应当有一定的了解，具备广阔的视野，了解全球前沿新技术、材料等，了解全球的设计市场动向，引导客户选择更前沿，功能更完备的设计。

鞠秣先生和他的团队致力于人性化的设计，创新的思维，肩负社会的担当，在创新的基础上完善其应具备的功能，近年来主持了多种类型的项目，旅游规划、特色小镇、名胜风景区、商业综合体、市政道路、生态公园、综合公园、城市公园等。

主要设计项目

新疆北屯玉带河工程规划设计

惠州望江沥水环境综合整治工程

临汾涝洰河龙湾园国学馆设计

雷山旅游度假中心二期设计

深圳领航城四期设计

惠州新开河水清岸绿工程规划设计

都匀天元广场景观设计

山西省新绛县体育公园景观设计

湖北汉水公园景观方案设计

郧阳子胥湖景观工程规划设计

子胥湖创意农业博览园规划方案深化设计

十堰国家级南水北调主题公园总体规划设计

中华水园第五地块水文化创意公园景观设计

金湖城镇绿道慢行系统总体规划及景观设计

松岗街道十大重点工程 - 地铁 11 号线出入口周边

市政设施及环境综合整治工程

妈湾片区道路环境综合提升工程

南宁园博园深圳园设计

北环大道绿化品质提升设计方案

深圳光明荔湖公园景观设计

深圳公明森林公园可研及设计

获奖情况

艾景奖第八届国际园林景观规划设计大会 年度新锐景观规划师

设计总监

左臣
Zou Chen

现任职务
西安道田景观规划设计有限公司设计总监
风景园林中级工程师　注册建筑师

所在单位
西安道田景观规划设计有限公司

　　西安道田景观规划设计有限公司创立于 2012 年，是由国内景观资深设计师李栋军和设计师左臣共同创办的环境设计类企业。公司创始人屹立于景观设计界十多年始终专注于景观规划设计，并积极探索生态景观及旅游规划设计新途径。我们积极探索使用 geodesignhub 技术及低影响开发技术，通过该技术我们为业主提供功能、形式、艺术、环保节约的规划设计方案。

　　我们为旅游生态类商业项目提供规划、景观、建筑、设计咨询、施工技术指导的全线开发设计咨询服务。我们比景观公司更懂建筑，比建筑公司更懂景观。团队在小体量建筑景观设计上有独到的设计经验，《太白山依云小镇》等一批设计项目相继落地，在社会各界和设计界引起不同凡响的影响。近年来与西安建筑科技大学、西安工程大学等都有广泛的技术合作，先后完成了《中国宜君核桃博览园》、《山东省荣成市天润红豆杉基地度假区总体规划设计》、《佛坪县 2016-2020 年林业生态建设绿化美化规划》、《大荔县城市森林公园设计》、《西安市三环汉城立交、官厅立交、书画苑景观提升设计》、《西安朱雀森林公园旅游度假区景观设计》等的规划咨询、设计工作及整体开发区的工程可行性研究，获得西安市、西安市园林局、荣成市、宜君县、佛坪县、大荔县林业局、西安旅游集团等业主单位的一致好评。

主要设计项目

太白山依云小镇总体规划
大荔同州文化小镇总体规划
佛坪县 2016-2020 年林业生态建设绿化美化规划
大荔朝邑国家湿地公园总体规划
大荔同州府住区总体规划
大荔同州府住区景观设计
旭坤蓝山花语景观设计
西安市官厅立交景观绿化提升设计
西安市三环书画苑景观提升设计
西安市沣河东岸市政公园景观设计
杨凌市西农路景观绿化提升设计
杨凌市公共卫生间建筑设计
大荔商贸大道景观设计

中国宜君核桃博览园总体规划
中国大荔红枣博览园总体规划
中国大荔红枣博览园景观设计
山东荣成天润红豆杉基地度假区总体规划
山东聊城驴宝宝七彩乐园总体规划
青海青藏创谷高原农业产业园景观设计
西安智巢产业园景观设计
西安朱雀森林公园旅游区景观设计
皇冠镇河心堡旅游度假区景观设计
同州里旅游温泉度假区景观设计
银川横城堡旅游度假景区景观设计
周至沙河旅游度假景观区景观设计

获奖情况

艾景奖第八届年度十佳景观设计奖
艾景奖第八届年度优秀景观设计奖

景观设计师

王胜男
Wang Sheng Nan

现任职务
纳墨设计机构项目负责人
设计室主任

所在单位
纳墨设计机构

从事景观规划设计工作多年，参与过多项重要工程项目，项目取得过多项设计奖项，致力以"大设计"格局创新设计思维，肩负社会担当。在生态、文化、创新与精品路径下，立足于对本土文化和行业现状的思考，探索多科学、多领域的融合与创新，追求政府、开发、投资、运营、游客、住民、社区等项目相关主体的诉求实现与情感认同。

在传统村落、特色小镇、田园综合体、旅游风景区、生态廊道、商业街区、居住区等项目中，多次赢得国内、国际设计奖项，多项作品成为省部级示范项目，部分作品被《人民日报》与海外媒体以及学术界所关注。

无论是名片工程还是扶贫工程，无论在都市还是偏远的乡村，他带领团队以极大的热情和责任投入其中，创作良心之作。

主要设计项目

湖北桃源国家 4A 级景区创建旅游规划与景观设计

山西浑源一德街文化旅游特色街区规划设计

山西省凯德世家太和道居住区景观规划设计

河北省阜平县夏庄乡花塔村提升改造项目景观规划设计

河北省阜平县夏庄乡赤瓦屋村搬迁整合项目设计

湖北省蕲春县西角湖村景观规划设计

新疆五家渠水岸香居居住区景观设计

新疆五家渠市猛进干渠绿色生态河道景观规划设计

浙江朱家尖旅游风景区（自行车）慢行系统规划设计

浙江朱家尖旅游风景区总体规划暨国家 5A 级旅游景区创建提升规划设计

山东滨州秦皇河公园房车度假营地景观规划概念设计

山西大同明城墙遗址公园景观规划设计

河北易县星河园林苗木基地旅游发展规划设计

世家小镇生态廊道综合规划与景观设计

浙江朱家尖樟州村旅游发展与景观提升规划设计

浙江朱家尖最美湾村游线（六村一线）系统规划设计

浙江朱家尖环岛路景观提升规划设计

湖北省广水市千户冲村骑行道及重点区域景观总体设计

湖北省广水市观音村总体规划及重点区域景观提升规划设计

获奖情况

全国人居经典方案竞赛规划金奖——（湖北桃源村景观规划设计）

艾景奖"年度十佳景观设计" ——（湖北桃源国家 4A 级景区创建规划与景观设计）

艾景奖"城市公共空间年度优秀设计奖"

全国人居经典方案竞赛环境金奖——（山西浑源一德街文化旅游特色街区规划设计）

艾景奖"年度十佳设计奖"——（世家小镇生态廊道综合规划与景观设计）

中国城镇化促进会阜平扶贫攻坚美丽乡村建设 2016 年度"优秀驻场设计师"

中国城镇化促进会"2017 年度先进工作者"

中国城镇化促进会"2017 年度优秀系统乡建团队"——（河北阜平县赤瓦屋村、花塔村综合规划设计）